U0213831

HTML5 实战宝典

山西优逸客科技有限公司　编著

机 械 工 业 出 版 社

本书是一本学习 HTML5 的宝典，以实际项目为驱动，内容全面，讲解通俗，适合各层次的学习者。全书分为 14 章，由浅入深地讲解了 HTML5 的基本概念和基本功能，包括地理位置定位、本地存储、离线存储、WebSocket、Canvas、表单等，而且对每一个概念的讲解都配备了恰如其分的示例和代码，让读者通过动手实践，切身体会到这些概念的含义和价值。本书前半部分结合实例深入讲解了 HTML5 在 PC 端的大放异彩的功能，后半部分则深入讲解 HTML5 在移动端的应用开发知识，系统地讨论了离线存储、本地存储和 HTML5 Canvas 游戏等主题。

本书适合各个层次的前端开发人员学习，无论是出于工作需要，还是好奇心的驱使，只要你想深入理解 HTML5，本书都会让你大有收获。

图书在版编目（CIP）数据

HTML5 实战宝典 / 山西优逸客科技有限公司编著. —北京：机械工业出版社，2016.12

ISBN 978-7-111-55813-2

Ⅰ. ①H…　Ⅱ. ①山…　Ⅲ. ①超文本标记语言－程序设计　Ⅳ. ①TP312

中国版本图书馆 CIP 数据核字（2016）第 315571 号

机械工业出版社（北京市百万庄大街 22 号　邮政编码 100037）
策划编辑：丁　诚　　责任编辑：丁　诚
责任校对：张艳霞　　责任印制：李　洋

保定市中画美凯印刷有限公司印刷

2017 年 1 月・第 1 版・第 1 次印刷
184mm×260mm・14.5 印张・342 千字
0001－4000 册
标准书号：ISBN 978-7-111-55813-2
定价：49.00 元

凡购本书，如有缺页、倒页、脱页，由本社发行部调换

电话服务
服务咨询热线：（010）88361066
读者购书热线：（010）68326294
（010）88379203

网络服务
机 工 官 网：www.cmpbook.com
机 工 官 博：weibo.com/cmp1952
教育服务网：www.cmpedu.com
金 书 网：www.golden-book.com

序

我们生活的时代

2015 年，国务院提出“互联网 +”行动计划，推动了互联网产业进一步发展。对于互联网从业者来说，这是一个最好的时代，也是一个最坏的时代。互联网产业的深度发展，尤其是移动互联网产业的飞速发展，为从业者带来了前所未有的机遇，但也带来了前所未有的挑战。每天都有成千上万的互联网产品投入市场，激烈的竞争一刻不停。前端工程师作为互联网产业中的排头兵，永远冲在互联网产品开发的第一线，我们创造用户看得见摸得着的部分，我们创造产品的用户体验和价值，我们任重而道远。

用产品去改变世界

互联网产业在不断发展，用户面对的“界面”也随之不断变化，从 20 世纪 80 年代的 DOS 字符界面，到 Windows 图形界面，到浏览器界面，再到当前的移动终端界面。界面的多样化决定了我们已进入一个用户体验的时代，以前的产品以功能为核心，而现在，用户体验就是一切。这就意味着，我们脑海中关于软件的理解需要更新，软件已经不能再单纯被当作程序或者系统去看待，而是应该从设计伊始就被当作一个产品去打造。

产品，就是一系列符合用户需求的功能的组合。产品思维是互联网思维中最重要的利器，互联网时代通过产品来改变世界，实现梦想。随着互联网的发展，我们可以观察到，产品的功能越来越趋于同质化，而产品的 UI 设计与前端开发则成了表达个性化和差异化的主战场，因为这两个领域可以体现出美妙的视觉表达和交互设计水平。

互联网比较传统媒体最大的特点就是交互，而友好的交互才能让用户产生好的用户体验，企业越来越重视用户体验，从技术上讲，就是越来越重视 UI 设计和前端开发。

前端开发技术发展经历了三个阶段：

第一阶段是 Web 1.0 时代的以内容为主的网页，主流技术是 HTML4 和 CSS2；

第二阶段是 Web 2.0 时代的 Ajax 技术的应用，热门技术是 JavaScript/DOM/异步数据请求；

第三阶段是 HTML5+CSS3 技术的应用，这两者相辅相成，使前端技术进入了一个崭新的时代。

HTML5+CSS3 奠定了打造 Web 应用的基础，它们可以让网站更易开发、更易维护、更具用户友好性。同时借助许多基于 HTML 5 的移动开发框架可以让开发任务变得更加简单，更好地进行移动 Web 开发。HTML5 通过代码方式，增加交互功能，同时结合后台开发技术，进行 Web 和 App 开发，通过 HTML5 技术可以显著改善用户体验。

关于我们

优逸客科技有限公司成立于 2013 年，总部位于山西太原。公司是由国内顶尖的互联网技术专家共同发起成立。优逸客是国内互联网前端开发实训行业的“拓荒者”，是企业级产品设计“方案提供商”，是中国 UI 职业教育的“知名品牌”。公司的互联网技术实训体系是依据历时一年的深度调研，并结合企业对人才实际需求研发而成的。我们在此基础上配以完善的职业规划体系，规范的人才培养流程和标准。经过 3 年发展，公司已先后在北京、山西、陕西等区域建立了互联网人才实训基地，已培养出 5000 余名互联网高端技术人才。在未来，我们将继续秉承“专注、极致、口碑”的理念，逐渐成长为我国顶尖的互联网人才培养公司。

优逸客汇聚了一批具有丰富 Web 开发经验的布道师，我们很早就意识到，移动化是一个再明显不过的趋势，未来几年里，移动端将是 Web 开发的主战场，而 HTML5 就是一把锋利的武器，配合程序逻辑，我们将能利用它创造无限的可能。

“这个世界很美好，值得我们为之奋斗”——海明威

编　者

前　　言

关于本书

Web 技术日新月异，每个置身其中的从业者都有逆水行舟，不进则退的感觉。尤其是在 2014 年 10 月 29 日，HTML5 定稿之后，互联网进入了一个崭新的时代。HTML5 奠定了打造下一代 Web 应用的基础，它可以让网站更易开发、更易维护、更具用户友好性。HTML5 被设计为跨平台的技术，最新版本的 Apple Safari、Google Chrome、Mozilla Firefox、Opera 以及 Microsoft Internet Explorer 都支持 HTML5 的许多特性。在 iPhone、iPad 及 Android 移动设备上预装的浏览器也大多对 HTML5 提供了极好的支持。

本书系统地讲解了 HTML5 的基础理论和实际运用技术，通过大量实例对 HTML5 进行深入浅出的分析，不但讲解了 HTML5 在传统 PC 端的开发方法，而且着重讲解了如何开发混合型 APP。全书注重实际操作，使读者在学习技术的同时，掌握 Web 开发和设计的精髓，提高综合应用的能力。

本书第一部分介绍了 HTML5 的历史背景、新的语义标签和语法规范、HTML5 的优劣及与以往 HTML 版本相比的变化，同时揭示了 HTML5 背后的设计原理。第二部分介绍了 HTML5 新增表单的用法，拖拽、Canvas、地理位置定位、本地存储以及 Canvas 应用，并以项目为驱动，配有大量的代码和示例图片。第三部分则主要介绍了 HTML5 在移动端的应用和移动端的特性，包括离线存储、WebSocket 等知识点，并且结合 HBuilder 制作 WebAPP，同时结合现在当前热门的微信平台制作了一个微信小游戏，并辅以大量代码示例和图示。

由于本书讲解的知识由浅入深并且以项目为驱动，理论上适合任何对 HTML5 有学习欲望的读者，但是如果您有 HTML、JavaScript 等语言基础的话，阅读本书会更有如鱼得水的感觉，如果您正在学习或从事有关 HTML5 的开发工作，那么我相信您也一定能从本书中获得更为精准的知识和实战的开发经验。

本书代码开发环境

为了更好地学习本书并运行本书案例代码，首先需要搭建一个合适的开发环境：

（1）Sublime 或者 WebStorm 编辑器，或者任意您熟悉的编辑器；

（2）Chrome 浏览器。

此外，本书的案例代码中，会用到 PHP 语言、Node.js 和 Wamp，相关环境搭建请参考本书附录部分.

引用的其他资源

在本书中，我们会引用部分 W3C 的官方文档和相关的 API，官方文档是非常好的学习资源，请读者重视官方文档的学习。虽然我们也在本书当中列出了一些常用的 API，但是我们还是建议读者参考官方文档，因为官方文档肯定是最准确和更新最及时的。

致谢

我们要感谢所有参与编写本书的人员，没有他们的付出，就没有这本书的存在。

首先要感谢优逸客公司创始人兼总经理张宏帅老师，张老师高瞻远瞩，严谨细心，在本书的编写过程中提出了很多宝贵的意见和建议，并为整个团队提供了充分的支持。

还要感谢优逸客公司副总经理兼实训总监严武军（Kevin）老师和实训副总监、技术总监岳英俊（Json）老师的指导和规划。在本书的编写过程中，他们严格把控进度和方向，提供了大量资料和参考文档，并直接参与编写。

还要感谢其他参与编写的人员,他们分别是：优逸客前端组负责人马彦龙（Money）老师，优逸客前端组负责人候宁洲（Nico）老师，优逸客高级布道师王琦（Herman）老师、李星（Star-li）老师、马松（Allen）老师、岳飞飞（Rose）老师等。

作者水平有限，纰漏之处在所难免，恳请广大读者批评指正，我们也感谢各位著名的、无名的互联网先驱们，他们所做的研究、开发和传播工作为我们的社会和团体做出了巨大的贡献。没有他们，就没有本书所讨论的话题，感谢本书的技术审稿人，他们在完善本书的过程中做出了不懈的努力。

优逸客科技有限公司

目 录

第 1 章

HTML5 概述

本章重点知识

1.1 一个新的 Web 开发平台

HTML5 的出现，掀起了 Web 时代的新浪潮，各大浏览器也都纷纷支持 HTML5。HTML5 可以使网页内容更加丰富，不仅可以显示三维图形，还可以在不使用 Flash 插件的基础上实现音频、视频播放等。HTML5 是向下兼容 HTML4 的，它是在 HTML4 的基础之上，加进了一些新的标记、属性、功能的一个新的超文本标记语言，例如：HTML5 拥有新的 HTML 文档结构、新的 CSS 标准、API 等。

HTML5 可以实现与原生 APP 相媲美的应用，不用另行下载安装，完全靠浏览器就可以运行。

HTML5 可以让开发人员在不使用 Flash 插件或第三方媒体插件的情况下，让用户浏览网页中的视频或音频，大大降低了开发应用的成本与时间。

HTML5 还提供了很多的应用程序接口（API），例如基于浏览器支持的图形 API、地理信息 API、本地存储 API 和视频播放相关的 API 等，这些 API 使得我们开发一个功能型的应用变得更加容易了。

同时，HTML5 是一种可以被 PC、Mac、iPhone、iPad 和 Android 手机等多种客户端浏览器支持的跨平台语言。

如今，Web 时代已被移动端主导，不管是在手机上还是在平板电脑上，随处可以见到 HTML5 网站、HTML5 应用软件以及 HTML5 游戏，HTML5 又作为移动端开发的主流语言，这都说明 HTML5 是前途无量的。

1.2 HTML5 为什么受欢迎

相信大家在阅读了上一节的内容后，对 HTML5 已经有了一些认识，接下来，我们从语法特点、功能特点和对移动端的支持上来说明 HTML5 为什么受欢迎。

1.2.1 语法特点

1. 简单的 doctype

我们在创建 HTML4 时，使用的声明是:

```
    <!DOCTYPE HTML PUBLIC "-//W3C//DTD HTML4.01//EN""http://www.w3.org/TR/
html4/strict.dtd">
```

而创建 HTML5 时，使用的声明是:

```
    <!doctype html>
```

从直观上来看，HTML5 更为简洁明了，它省略了版本号，但浏览器依然能够以 HTML 的标准来显示网页。

2. 直观的结构

在 HTML4 中对于网页结构的划分大量使用了 div，需要靠类名、加注释才能很好地解释我们的结构，在 HTML5 中可以使用 article、footer、header、nav、section 等标签来更好地了解我们的结构。

1.2.2 功能特点

1. 音频、视频

在网页中想要实现音频、视频播放，一般都需要引入 Flash 或第三方媒体插件，并且要写很多代码，很烦琐。而在 HTML5 中，只需要写：

音频: <audio src="url" autoplay loop></audio>

视频: <video src="url" width="300" height="200" controls></video>

就可以了，可以像使用<img>标签一样来实现音频、视频播放。

2. 本地存储

HTML5 可以帮助浏览器存储一些用户的信息、缓存的数据、应用的使用状态等，这样一来，可以加快访问应用的速度；可以记录用户上一次的使用状态，在重新加载时只加载修改过的状态，节省资源。

3. 强大的 Canvas

使用 Canvas 可以达到 Flash 的效果，它可以实现动画设计和游戏开发。

4. 地理信息

HTML5 中提供了地理位置信息的 API（geolocation），通过浏览器来获取用户当前位置。在获取位置信息前，浏览器会给用户一个提示信息，只有用户同意以后才能使用。通过此特性可以开发基于位置的服务应用。

1.2.3 对移动端的支持

开发移动端应用有几种方式，可以采用原生方式，也可以采用 Web 技术来开发。与原生方式相比，Web 技术只需要使用 HTML、CSS 和 Javascript 就可以开发移动端应用，节省了开发成本，提高了开发效率，对于研发人员来说，也绕开了不少技术困难。HTML5 本身是支持 Android、iOS 等移动平台的跨平台语言，所以在开发移动端应用时具有更大的优势。

当前主流的手机开发平台有：iOS、Android 等。其中，iOS 平台需要针对 480×320、960×640 及 1024×768 像素的分辨率分别设计；Android 平台中 QVGA 分辨率为 240×320 像素及更高，即使同一个平台，分辨率不同，设计也会有相应的差异。加之客户端产品需要不断地更新迭代，从 1.0 版本、2.0 版本一直到 N.0 版本，每开发一次 Native App 就需要重建一次平台。而且现实状况是并非所有用户都会积极更新新的版本，所以设计师和开发人员在研发新功能的时候还要顾及之前的旧版本会不会支持等问题。不同的平台加上不同的版本，大量人力物力被投入到了铺设平台的工作中，提高产品用户体验的精力就变得比较有限。

于是人们受够了终端设备碎片化的折磨，开始期盼着一种有别于 Native App 的事物出现，而由 HTML5 技术开发的 Web App 的出现满足了这种愿望。HTML5 技术的渲染过程主要是由浏览器、内嵌 HTML5 解析器的应用程序、支持书签打开方式的应用程序或移动手机产品进行的。如此，产品的上线和版本更新不再需要花费那么长时间来铺平台，Appcelerator的内部逻辑会将产品的UI转换为iOS或Android等平台的原生界面。同时，Web App形式的产品不需要用户下载更新，通过网络即可以访问最新版本，也便于设计师和开发人员调试和修正错误，不再存在兼顾新旧版本的问题。

在苹果、谷歌及微软等公司的积极倡导下，HTML5技术进步神速，Web App可以实现的效果越来越丰富，很多Web App已经可以和Native App相媲美了。

对于未来几年里HTML5的发展前景，概括来说，将会有很多公司进入HTML5这个领域，HTML5也会像传统的Flex、Flash、Silverlight和Objective-C那样，形成一套自己独有的生态系统。HTML5将会比Flex、Flash、Silverlight和Objective-C更容易出现在任何一个终端设备中。对于年轻一代的开发者，HTML5会成为他们的首选技能，有很多公司都会需要这方面的人才。到目前为止，越来越多的行业巨头正不断向HTML5靠拢。除了苹果、微软、黑莓之外，谷歌的Youtube已部分使用HTML5；Chrome浏览器宣布全面支持HTML5；Facebook则不遗余力地为HTML5进行着病毒式传播。一切正如正益无线总裁王国春所说："HTML5代表了移动互联网发展的趋势，总有一天它将成为主流技术"。所以，HTML5作为一个前端的编程语言，其发展前景是非常好的！

我们还可以从以下方向中看到HTML5的发展前景。

（1）手机页游的3D化是大势所趋。随着硬件能力的提升、WebGL标准化的普及以及手机页游逐渐成熟，大量开发者需要创作更加精彩的3D内容。

（2）HTML5移动营销出现更多新玩法。游戏化、场景化、跨屏互动，HTML5技术满足了广告主对移动营销的大部分需求，从形式到功能，再到传播。

（3）动漫、二次元。HTML5技术的成熟，将带来动漫产业的升级。动漫元素本身可通过HTML5来强化创意，动漫形式将具有富媒体的高度交互、MV影音功能，为读者提供更加场景化的阅读体验。

（4）轻应用、Web App、微站。HTML5开发移动应用更灵活。采用HTML5技术的轻应用、Web App，以其开发成本低、周期短、易推广等优势，将迅速普及。

（5）移动视频、在线直播引领视频升级。HTML5技术将会革新视频数据的传输方式，让视频直播更加高清流畅。而且，视频还将与网页真正地融为一体，让用户看视频如浏览动态图一般简单轻松。

（6）资源复用，HTML5重新洗牌IP市场。

（7）影游互动，HTML5推动泛娱乐产业发展。

（8）Web VR让VR从贵族走向大众化。

（9）微信很有可能会推出HTML5应用市场。

1.3 HTML5的可持续性

1.3.1 技术支持

新添加的标签，更加便于SEO，提高浏览器对于导航、栏目链接、菜单、文章等其他部分的搜索，从而帮助我们的网站提升内容的价值。

开发移动 APP 的方式，从 Native（本地 APP）到 HTML5 再到 Hybrid（混合型）的出现，提高了开发速度，前端工程师可以使用 Cordova 框架或 HBuilder 等软件来开发。可以减少插件，节约开发成本，而且要运行同一个功能，只需要在不同的平台进行编译就可以实现跨平台运行。

1.3.2 浏览器厂商支持

目前，微软 IE、谷歌 Chrome、苹果 Safari、Opera 和 Firefox 等主流浏览器均已支持 HTML5 的大部分功能，具体支持情况请读者参考本书第 2.4 节。

1.4 HTML5 的发展历程

1993 年 6 月，HTML 由互联网工程任务组（IETF）发布 HTML 1.0，但它不是标准的结构语言，意义不大。

1995 年 11 月，IETF 发布了 HTML 2.0，它是 HTML 最早的规范。

由于万维网联盟（W3C，World Wide Web Consortium）的出现，IETF 把 Web 标准的制定权转让给 W3C。1996 年的 1 月，W3C 推出 HTML 3.2。在之后三年的时间内，W3C 对 HTML 做了很多改进，并相继发布了几个版本。

1999 年，W3C 发布 HTML 4.01。它可以使文档内容与样式分离，而不会像 HTML 3.2 一样破坏文档内容，维护起来更加方便。HTML 4.01 成了 20 世纪 90 年代非常流行的网页编辑语言，对 Web 影响非常之大。

2001 年，W3C 发布 XHTML 1.0，它在 HTML 4.01 的基础上做了修改，相比 HTML 4.01 语法更为严格，版本更为纯净，而且它还能在当时所有的浏览器上被解释，成为更标准的标记语言。紧接着，W3C 又发布了 XHTML 1.1，它和 XML 没有什么区别，在使用 XHTML 1.1 文档时，当时最热门的 Internet Explorer（IE）浏览器却无法正常显示。所以，W3C 又继续改进 XHTML 1.1。在 2002 年 8 月发布了 XHTML 2.0，但是它不兼容之前的 HTML 版本，使用时需要重新学习，这对于网页编辑人员来说并不是好事。

2004 年，网页超文本应用技术工作小组（Web Hypertext APPlication Technology Working Group，WHATWG）成立，重走 HTML 的路线，开始创建 HTML5。他们从两个方面对 HTML 进行扩展，分别是 Web Form 2.0 和 Web APPs 1.0，之后这两个版本合并成为 HTML5。与此同时，W3C 还在继续研究 XHTML。

2006 年，W3C 选择开发 HTML5，自己成立了 HTML5 的工作组，它在 WHATWG 研发的 HTML5 的基础上研究。

2008 年，W3C 发布了 HTML5 的草案，这是 HTML5 的最初版本。2009 年，W3C 放弃了 XHTML 的研究。

2010 年，HTML5 的视频播放器开始取代 Flash 的地位，并且得到 Google 的大力支持，同时，HTML5 的语法规范也开始攻击 IE 的私有语法，打破 Adobe Flash 与 IE 在 Web 上的主宰。

2011 年，迪士尼、亚马逊和 Pandora 电台相继使用了 HTML5 编写的应用和音乐播放器，因为可以离线使用，获得了用户的好评，而 Adobe 公司停止为移动设备开发 Flash 播放器。

2012 年，LinkedIn 推出的 iPad 应用，95%都是基于 HTML5 开发的。HTML5 还支持大容量的文件上传，Flickr 就使用它提高了上传速度。

2013 年，大部分的手机都开始支持 HTML5 的应用。

终于，经过 8 年的艰辛研究后，在 2014 年 10 月 29 日，W3C 宣布 HTML5 的标准规范制定完成。

第 2 章

HTML5 规范

本章重点知识

2.1 新的文档声明和语法规范
2.2 废弃的标签和属性
2.3 新的结构标签和属性
2.4 对于浏览器的支持情况

2.1 新的文档声明和语法规范

从本章开始，我们就开始学习 HTML5 中的新规范、新标签、新属性，主要结合案例来讲解各个标签、属性的用法。

2.1.1 文档声明

1. <!doctype>的定义

<!doctype>声明必须位于 HTML5 文档中的第一行，也就是位于<html>标签之前。该标签告知浏览器文档所使用的 HTML 规范。

（1）doctype 声明不属于 HTML 标签；它是一条指令，告诉浏览器编写页面所用的标记的版本。

（2）在所有 HTML 文档中，规定 doctype 是非常重要的，这样浏览器就能了解预期的文档类型。

（3）HTML 4.01 中的 doctype 需要对 DTD 进行引用，因为 HTML 4.01 基于 SGML。而 HTML 5 不基于 SGML，因此不需要对 DTD 进行引用，但是需要 doctype 来规范浏览器的行为（让浏览器按照它们的方式来运行）。

2. <!doctype>的用法

代码案例：

```
<!doctype html>
<html lang="en">
<head>
<meta charset="UTF-8">
<title>Document</title>
</head>
<body>
HTML5 的主体结构。
</body>
</html>
```

在 Sublime 和 WebStorm 中可以使用快捷键快速创建文档主体结构，详见附录 A。

3. 注意

<!doctype>对大小写不敏感，而且它没有结束标签。

4. 定义文档信息的元标签

<meta>位于头部中，它用于提供页面的元信息，用来描述网页的关键词、网页更新的频度，同时也可以为搜索引擎的搜索提供便利。它的属性还定义了与文档相关联的名称/值对（元数据总是以名称/值的形式被成对传递的）。

5. meta 的属性

（1）content 属性

content 属性提供了名称/值对中的值。该值可以是任何有效的字符串。

content 属性始终要和 name 属性或 http-equiv 属性一起使用。

（2）http-equiv 属性

http-equiv 属性为名称/值对提供了名称。并指示服务器在发送实际的文档之前，先在要传送给浏览器的 MIME 文档头部包含名称/值对。

当服务器向浏览器发送文档时，会先发送许多名称/值对。虽然有些服务器会发送许多这种名称/值对，但是所有服务器都至少要发送一个：content-type:text/html。这将告诉浏览器准备接收一个 HTML 文档。

使用带有 http-equiv 属性的<meta>标签时，服务器将把名称/值对添加到发送给浏览器的内容头部。例如添加：

```
<meta http-equiv="charset" content="iso-8859-1">
<meta http-equiv="expires" content="31 Dec 2008">
```

这样发送到浏览器的头部就应该包含：

content-type: text/html

charset:iso-8859-1

expires:31 Dec 2008

当然，只有当浏览器可以接收这些附加的头部字段，并能以适当的方式使用它们时，这些字段才有意义。

（3）name 属性

name 属性提供了名称/值对中的名称。HTML 和 XHTML 标签都没有指定任何预先定义的<meta>名称。通常情况下，用户可以自由使用对自己和源文档的读者来说富有意义的名称。

例如"keywords" 是一个经常被用到的名称。它为文档定义了一组关键字，某些搜索引擎在遇到这些关键字时，会用这些关键字对文档进行分类。

类似的 meta 标签可能对于进入搜索引擎的索引有帮助：

```
<meta name="keywords" content="HTML,ASP,PHP,SQL">
```

如果没有提供 name 属性，那么名称/值对中的名称会采用 http-equiv 属性的值。

（4）charset 属性：提供编码方式

```
<meta charset="utf-8">
```

UTF-8（8-bit Unicode Transformation Format）是一种针对 Unicode 的可变长度字符编码，也是一种前缀码，又称万国码。它可以用来表示 Unicode 标准中的任何字符，因此，它逐渐成为电子邮件、网页及其他存储或传送文字的应用中，优先采用的编码。

GB-2312 是计算机可以识别的编码，适用于汉字处理、汉字通信等系统之间的信息交换，它共收入汉字 6763 个和非汉字图形字符 682 个。

GBK 是 GB2312 的扩展版本。

（5）适用于移动端的 meta 标签

```
    <meta name="viewport" content="width=device-width,initial-scale=1, maximum-scale=1, minimum-scale=1,user-scalable=no">
```

其中 meta 的参数说明如下：

name="viewport"：表示网页窗口。

content 属性中的值可以有以下几种情况：

width：控制 viewport 的宽度，可以指定一个具体的值，用于移动端时赋值为 device-width，表示它将与设备一样宽。

height：控制 viewport 的高度，与 width 使用方式一样。

initial-scale：初始缩放比例，页面第一次加载时的比例。

maximum-scale：最大缩放比例，取值范围为 0～10.0。

minimum-scale：最小缩放比例，取值范围为 0～10.0。

user-scalable：是否允许用户手动缩放。当值为 yes 或 true 时，表示可以缩放；当值为 no 或 false 时，表示不能缩放。

viewport 用来重新设置设备的分辨率，让网页在设备上都正好满屏显示。

2.1.2 语法规则

① 标签要小写。

② 属性值可以不加""或‘’。

③ 可以省略某些标签：html、body、head、tbody。

④ 可以省略某些结束标签：tr、td、li。

⑤ 单标签不用加结束标签：img、input。

⑥ 废除的标签：font、center、big。

⑦ 新添加的标签，请查阅本章 2.3 节。

2.2 废弃的标签和属性

从上一节的内容中我们可以看出 HTML5 相比之前版本做出的改进，它的改进不止这些，它还将一些常用标签和属性抛弃了。本节主要说明废弃的标签和属性如何来代替。

2.2.1 废弃的标签

1. 表现性标签

HTML 中的有些标签只是为了画面展示而服务的，比如 u 标签，在使用时，想要显示下画线的字体需要用 u 标签包起来，它只是与其他文字显示的状态（样式）不同而已，在 HTML5 中像这类的状态（样式）都可以用 CSS 属性编辑，所以将这类标签废弃掉了。与 u 标签类似的还有 basefont、big、center、font、s、strike、tt 等标签，它们都可以用相应的 CSS 属性来代替。

2．框架类标签

HTML 中的框架标签 frame、frameset、noframes 对页面的可用性有负面影响，所以在 HTML5 中将它们废弃了，使用 iframe 标签代替，它就像 img 标签一样，写入地址，设置好宽高就可以了。

3．局限性标签

只有部分浏览器支持 Applet（Java 小应用程序）、bgsound（页面添加背景音乐）、blink（可以闪烁的字体）、marquee（滚动字幕）等标签，这些标签在 HTML5 中也被废弃掉了。

4．其他被废除的标签:

这是一些很少用到的标签，它们特殊但没有被 W3C 列入规范，所以在 HTML5 中也被废弃了。

例如:

rb 标签用来设定被标示的元素对象，为 ruby 的子元素，使用 ruby 替代。

acronym 标签定义首字母缩写，使用 abbr 替代。

dir 标签定义目录列表，使用 ul 替代。

isindex 标签显示输入框，使用 form 与 input 相结合的方式替代。

listing 标签显示静态页面源代码，使用 pre 替代。

xmp 标签原样输出代码，使用 code 替代。

plaintex 标签，使用“text/plain”（无格式正文）MIME 类型替代。

2.2.2 废弃的属性

用表 2-1 来说明 HTML5 中废弃的属性。

表 2-1 废弃的属性

在 HTML4 中使用的属性	使用该属性的元素	在 HTML5 中的替代方案
rev	link、a	rel
charset	link、a	在被链接的资源的中使用 HTTP Content-type 头元素
shape、coords	a	使用 area 元素代替 a 元素
longdesc	img、iframe	使用 a 元素链接到较长描述
target	link	多余属性，被省略
nohref	area	多余属性，被省略
profile	head	多余属性，被省略
version	HTML	多余属性，被省略
name	img	id
scheme	meta	只为某个表单域使用 scheme
archive、chlassid、codebose、codetype、declare、standby	object	使用 data 与 type 属性类调用插件。需要使用这些属性来设置参数时，使用 param 属性
valuetype、type	param	使用 name 与 value 属性，不声明之的 MIME 类型

（续）

在 HTML 4 中使用的属性	使用该属性的元素	在 HTML5 中的替代方案
axis 、abbr	td、th	使用以明确简洁的文字开头、后跟详述文字的形式。可以对更详细内容使用 title 属性，来使单元格的内容变得简短
scope	td	在被链接的资源的中使用 HTTP Content-type 头元素
align	caption 、input 、legend 、div、h1、h2、h3、h4、h5、h6、p	使用 CSS 样式表替代
alink、link、text、vlink、background、bgcolor	body	使用 CSS 样式表替代
align 、bgcolor 、border 、cellpadding 、cellspacing、frame、rules、width	table	使用 CSS 样式表替代
align、char、charoff、height、nowrap、valign	tbody、thead、tfoot	使用 CSS 样式表替代
align、bgcolor、char、charoff、height、nowrap、valign、width	td、th	使用 CSS 样式表替代
align、bgcolor、char、charoff、valign	tr	使用 CSS 样式表替代
align、char、charoff、valign、width	col、colgroup	使用 CSS 样式表替代
align、border、hspace、vspace	object	使用 CSS 样式表替代
clear	br	使用 CSS 样式表替代
compace、type	ol、ul、li	使用 CSS 样式表替代
compace	dl	使用 CSS 样式表替代
compace	menu	使用 CSS 样式表替代
width	pre	使用 CSS 样式表替代
align、hspace、vspace	img	使用 CSS 样式表替代
align、noshade、size、width	hr	使用 CSS 样式表替代
align、frameborder、scrolling、marginheight、marginwidth	iframe	使用 CSS 样式表替代
autosubmit	menu	

2.3 新的结构标签和属性

2.3.1 新的标签

HTML5 新增了一些标签，但它们并不像我们想象的那样陌生，它们只是更加符合我们的思维方式，更人性化。按照以往的布局方式，我们要划分页面结构时都是使用的 div，例如<div class="header"></div>、<div id="footer"></div>等。HTML5 直接用 header、footer 标签来代替 div，这类标签更加语义化，便于爬虫读取（SEO）。下面详细介绍 HTML5 新增的标签以及它们的用法。

1. 结构性标签

结构性标签（construct tag）主要负责 Web 的上下文结构的定义，确保 HTML 文档的完整性，使网页的文档结构更加明确。这类标签包括以下几个：

（1）section 标签用于表达文档的一部分或一章，或者一章内的一节。在 Web 页面应用中，该标签也可以用于区域的章节表述。它用来表现普通的文档内容或应用区块，通常由内容及其标题组成。但 section 标签并非一个普通的容器元素，它表示一段专题性的内容，一般会带有标题。

代码示例：

```
<section>
<h1>新章节的标题</h1>
<article>
<h2>第一节的标题</h2>
<p>第一节的内容......</p>
</article>
</section>
```

（2）hgroup 标签对网页或区段（section）的标题进行组合。

代码示例：

```
<hgroup>
<h1>第二章 HTML 规范</h1>
<h2>第一节 新的结构标签和属性</h2>
<h3>新的标签</h3>
<h4>结构性标签</h4>
</hgroup>
```

（3）header 标签相当于页面主体上的头部（页眉），注意区别于 head 标签。这里可以给初学者提供一个判断区别的小技巧：head 标签中的内容往往是不可见的，而 header 标签往往在一对 body 标签之中。

代码示例：

```
<header>
<h1>网页的标题</h1>
<nav>上导航部分</nav>
</header>
```

（4）footer 标签相当于页面的底部（页脚）。通常，人们会在这里标出网站的一些相关信息，例如关于我们、法律申明、邮件信息、管理入口等。

代码示例：

```
<footer>
&copy;网页的版权声明。
</footer>
```

（5）nav 标签是专门用于菜单导航、链接导航的标签，是 navigator 的缩写。

代码示例：

```
<nav>
<ul>
```

```
<li><a href="#">首页</a></li>
<li><a href="#">电视</a></li>
<li><a href="#">平板</a></li>
<li><a href="#">路由器</a></li>
<li><a href="#">笔记本</a></li>
</ul>
</nav>
```

（6）article 标签用于表示一篇文章的主体内容，一般为文字集中显示的区域。

代码示例：

```
<article>
<header>
<h1>文章的标题</h1>
<time datetime="2015-08-08">2015.08.08</time>
</header>
<p>文章的内容</p>
</article>
```

2．块级性标签

块级性标签（block tag）主要完成 Web 页面区域的划分，确保内容的有效分隔，这类标签包括以下几个。

（1）aside 标签是用以表达注记、贴士、侧栏、摘要、插入的引用等作为补充主体的内容。从一个简单页面显示上看，就是侧边栏，可以在左边，也可以在右边。从一个页面的局部看，就是摘要。

代码示例：

```
<aside>
<p>作者信息</p>
</aside>
```

（2）figure 标签规定独立的流内容（图像、图表、照片等），通常与 figcaption 联合使用。

代码示例：

```
<figure>
<figcaption>风景图的标题</figcaption>
<img src="fengjing.jpg" alt="风景图">
</figure>
```

（3）code 标签表示一段代码块。

代码示例：

```
<code>一段电脑代码</code>
```

（4）dialog 标签定义对话框或窗口，配合<dt>、<dd>标签使用。它的属性 open 规定 dialog 元素是活动的，用户可与之交互。

代码示例：

```
<table border="1">
<tr>
<td>周一<dialog open>这是打开的对话窗口</dialog></td>
<td>周二</td>
<td>周三</td>
</tr>
<tr>
<td>12</td>
<td>13</td>
<td>14</td>
</tr>
</table>
```

（5）Canvas 标签。它是一个画布标签，用它可以实现电脑上的画图工具，可以在网页中画出不同的图形。

3. 行内标签

行内语义性标签（in-line tag）主要完成 Web 页面具体内容的引用和表述，是丰富内容展示的基础，这类标签包括以下几个标签。

（1）meter 标签表示特定范围内的数值，可用于工资、数量、百分比等。max 表示最大值，min 表示最小值，value 代表当前值，如图 2-1 所示。

代码示例：

```
<meter value="6" min="0" max="10">6/10</meter><br>
<meter value="0.3">50%</meter>
```

图 2-1　meter 示例

（2）time 标签表示时间值，该元素能够以机器可读的方式对日期和时间进行编码，属性 datetime 强调日期和时间。

代码示例：

```
<p>
<time datetime="2015-09-27">中秋节</time>马上就到了。
</p>
```

（3）progress 标签用来表示任务的进度条，属性 max 表示最大任务值，属性 value 表示完成了多少任务，如图 2-2 所示。

代码示例：

```
<p>下载进度：</p>
<progress value="34" max="100"></progress>
```

下载进度：

图 2-2 progress 示例

4．多媒体标签

多媒体标签（multimedia tag），它可以让网页对视频和音频有着更好的实现，不用再与其他的插件配合使用。HTML5 中提供了 video 视频标签与 audio 音频标签，详情参照第 8 章 HTML5 对多媒体的支持。

5．表单控件

HTML5 中的表单更加自由，不用将表单元素全部放在 form 标签对中，它可以放在页面的任何位置，表单元素只需要通过 form 属性指向元素所属表单的 id 值，就可以与表单关联起来。而且以前使用表单，都需要用 JavaScript 来验证用户输入的信息是否规范，现在新增的一些表单控件自带验证功能，大大的解放了我们的双手。例如 datalist 选项列表标签、output 输出标签、email 输入类型、url 输入类型、日期时间类型、number 类型、range 滑块类型、search 类型、tel 类型、color 类型等。详情参照第 3 章 HTML5 表单新功能。

6．交互性标签

交互性标签（interactive tag）主要用于功能性的内容表达，会有一定的内容和数据的关联，它是各种事件的基础，这类标签包括以下几个。

（1）menu 标签主要用于交互菜单（这是一个曾被废弃现在又被重新启用的标签），它会实现鼠标右击元素会出现一个菜单，但几乎所有的主流浏览器都不支持它。

属性说明：

1）type：规定要显示哪种菜单类型。它有 3 个值分别是：

list：列表菜单，一个用户可执行或激活的命令列表。

context：上下文菜单，它必须在用户能够与命令进行交互之前被激活。

toolbar：工具栏菜单，允许用户立即与命令进行交互，它是一个活动式命令。其中 list，toolbar 功能还未实现。

2）label：规定菜单的可见性，值为 text（想要显示的文本）。

代码示例：

```
<menu type="toolbar">
<li>
<menu label="File">
<button type="button" onclick="file_new()">新建</button>
<button type="button" onclick="file_open()">打开</button>
<button type="button" onclick="file_save()">保存</button>
</menu>
</li>
<li>
<menu label="Edit">
```

```
<button type="button" onclick="edit_cut()">剪切</button>
<button type="button" onclick="edit_copy()">复制</button>
<button type="button" onclick="edit_paste()">粘贴</button>
</menu>
</li>
</menu>
```

（2）command 标签用来处理命令按钮，表示用户可以调用的命令。目前主流浏览器都不支持。

代码示例：

```
<menu>
<command type="command">Click Me!</command>
</menu>
```

（3）menuitem 是用来显示菜单项目的，它有如下属性：

1）icon：给菜单项添加图标。

2）label：菜单的项目名称。

3）checked：页面加载后选中菜单项目。

4）default：设置为默认命令。

5）open：定义 details 是否可见。

6）radiogroup：命令组的名称。适用于 type="radio"。

7）type：菜单类型，它有 3 个值：checkbox（可切换的状态）；command（相关联动作的普通命令）；radio（单选）。只有火狐（Firefox）浏览器支持该属性。

代码示例：

```
<div style="width:300px;height:50px;background:blue" contextmenu="mymenu">
<menu type="context" id="mymenu">
<menuitem label="恢复"></menuitem>
<menu label="分享">
<menuitem label="Twitter" type="radio"></menuitem>
<menuitem label="Facebook" type="radio"></menuitem>
</menu>
<menuitem label="发送邮件"></menuitem>
</menu>
</div>
```

2.3.2 新的属性

1. contextmenu

在 HTML5 中，每个元素新增了一个属性：contextmenu，它是上下文菜单，即鼠标右击元素会出现一个菜单。它配合 menu 标签使用，contextmenu 的值设置为 menu 的 id 名。使用这个标签时要先阻止浏览器的默认行为。

代码示例：

```
<p contextmenu="supermenu" id="p-menu"></p>
<menu id="supermenu" label="dothing">
<command label="Step 1: Write Tutorial" onclick="doSomething()">
<command label="Step 2: Edit Tutorial" onclick="doSomethingElse()">
</menu>
```

2．contenteditable

contenteditable 规定是否可编辑元素的内容，它的属性值包括：

（1）true：可以编辑元素的内容。

（2）false：无法编辑元素的内容。

（3）inherit：继承父元素的 contenteditable 属性。

当属性值为空字符串时，效果和 true 一致。

当一个元素的 contenteditable 状态为 true（contenteditable 属性为空字符串，或为 true，或为 inherit 且其父元素状态为 true）时，意味着该元素是可编辑的。否则，该元素不可编辑，如图 2-3 和图 2-4 所示。

代码示例：

```
<p contenteditable="true" style="width:300px;height:30px;border:1px solid red;">能编辑的文本段落</p>
```

能编辑的文本段落

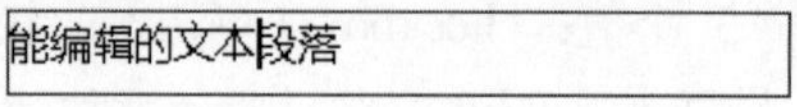

图 2-3　可编辑的文本(a)

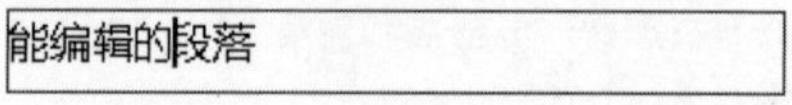

能编辑的段落

图 2-4　可编辑的文本(b)

3．draggable

draggable 规定元素是否可以拖拽。值为 true 时表示可以拖拽，值为 false 时表示不能拖拽，值为 auto 时按浏览器的默认行为来定。在使用该属性时，还需要配合 Javascript 来实现，使用 dataTransfer 对象在拖拽事件中传输数据。详情参照第 4 章文件处理与拖放。

4．dropzone

dropzone 属性规定在元素上拖动数据时，是否拷贝、移动或链接被拖动数据。它的值为 copy 时，拖动元素时复制数据，值为 move 时不会复制，而是将被拖动的数据移动到新的位置上，值为 link 时，会产生一个指向原数据的链接。

代码示例：

```
<p id="drag" draggable="true" ondragstart="drag(event)" dropzone="copy">这是一段可移动的段落。</p>
```

5. hidden

hidden 属性用于隐藏该元素。一旦使用了此属性，则该元素就不会在浏览器中被显示。它的值为 true 时元素是可见的，值为 false 时元素是不可见的。

代码示例：

```
<div hidden style="width:100px;height:100px;background:red;">123</div>
```

6. spellcheck

spellcheck 属性规定是否对元素进行拼写和语法检查。它可以对以下内容进行拼写检查：input 元素中的文本值（非密码）；textarea 元素中的文本；可编辑元素中的文本。值为 true 时进行检查，值为 false 时不检查。

代码示例：

```
<p contenteditable="true"style="width:300px;height:30px;border:1px solid red;" spellcheck="true">能编辑的文本段落</p>
```

7. translate

translate 规定是否应该翻译元素内容。值为 true 时可翻译，值为 false 时不可翻译。

代码示例：

```
<p translate="no">请勿翻译本段。</p>
<p>本段可被译为任意语言。</p>
```

8. 表单元素属性

表单元素新添的属性也可以帮我们做一些验证，例如 placeholder 属性可以将光标定位到输入框的最前面、required 属性用于验证值是否为空、pattern 类型专为验证正则、autofocus 属性可以自动聚集、autocomplete 自动完成属性等，对于这些属性的设置与效果，请参照 3.4 节表单验证部分。

2.4 对于浏览器的支持情况

上一节介绍了 HTML5 中新增的标签与属性，这些新增的标签与属性对于目前的主流浏览器来说，支持情况也各不相同，本节主要以表格的形式来体现，通过 PC 端（IE、Firefox、Chrome、Safari、Opera）与移动端（Android 和 iOS）介绍各大浏览器对 HTML5 和 CSS3 的支持情况。

2.4.1 CSS3 属性

从图 2-5 中可以看出，text-justify 属性除了 IE 支持以外，其他浏览器都不支持。其他的大多数属性，IE 都已经开始支持了。从图中还可看出，对 HTML5 支持比较好的是 Chrome

与 Safari，其次支持比较好的是 Opera 和 Firefox，移动端中 Android 设备浏览器支持性要比 iOS 的更好。

css属性	IE6	IE8	IE9	IE11	45	50	9.1	36	47	9.2
backgound-attachment	√	√	√	√	√	√	√	√	×	√
background-blend-mode	×	×	×	×	√	√	√	√	√	√
background-position-x & background-position-y	√	√	√	√	×	√	√	√	√	√
border images	×	×	×	√	√	√	√	√	√	√
border-radius	×	×	√	√	√	√	√	√	√	√
box-shadow	×	×	√	√	√	√	√	√	√	√
box-sizing	×	√	√	√	√	√	√	√	√	√
Animation	×	×	×	√	√	√	√	√	√	√
font-feature-settings	×	×	×	√	√	√	√	√	√	×
font-size-adjust	×	×	×	×	√	×	×	×	×	×
font-stretch	×	×	√	√	√	√	×	√	×	×
font-variant-alternates	×	×	×	×	√	×	√	×	×	×
font unicode-range subsetting	×	×	√	√	√	√	√	√	√	√
transitions	×	×	×	√	√	√	√	√	√	√
2D Transforms	×	×	√	√	√	√	√	√	√	√
3D Transforms	×	×	×	√	√	√	√	√	√	√
appearance	×	×	×	×	√	√	√	√	√	√
filter Effects	×	×	×	×	√	√	√	√	√	√
repeating Gradients	×	×	√	√	√	√	√	√	√	√
cursors:zoom-in & zoom-out	×	×	×	×	√	√	√	√	×	×
text-justify	√	√	√	√	×	×	×	×	×	×
overflow-wrap	√	√	√	√	√	√	√	√	√	√
tab-size	×	×	×	×	√	√	√	√	√	√
text-align-last	√	√	√	√	√	√	×	√	√	×
text-overflow	√	√	√	√	√	√	√	√	√	√
text-shadow	×	×	×	√	√	√	√	√	√	√
text-stroke	×	×	×	×	×	√	√	√	√	√

图 2-5　CSS 属性支持情况

2.4.2　CSS 选择器

如图 2-6 所示，CSS3 选择器与浏览器兼容情况表，除了 iOS 对::selection 不支持，IE11 对::in-range、::out-of-range、:matches 不支持，其他主流浏览器都已全部支持 CSS3 选择器特性。IE6 与 IE8 完全不支持 CSS 选择器，IE9 只有少部分不支持，从 IE 的进步上看，可以说是 IE9 拯救了网页开发人员。

css选择器	IE6	IE8	IE9	IE11	45	50	9.1	36	47	9.2
::first-letter	×	×	√	√	√	√	√	√	√	√
::placeholder	×	×	×	√	√	√	√	√	√	√
::selection	×	×	√	√	√	√	√	√	√	×
::in-range	×	×	×	×	√	√	√	√	√	√
::out-of-range	×	×	×	×	√	√	√	√	√	√
:matches	×	×	×	×	√	√	√	√	√	√
[foo^='bar']	×	×	√	√	√	√	√	√	√	√
[foo$='bar']	×	×	√	√	√	√	√	√	√	√
[foo*='bar']	×	×	√	√	√	√	√	√	√	√
:root	×	×	√	√	√	√	√	√	√	√
:nth-child	×	×	√	√	√	√	√	√	√	√
:nth-last-child	×	×	√	√	√	√	√	√	√	√
:nth-of-type	×	×	√	√	√	√	√	√	√	√
:nth-last-of-type	×	×	√	√	√	√	√	√	√	√
:last-child	×	×	√	√	√	√	√	√	√	√
:first-of-type	×	×	√	√	√	√	√	√	√	√
:last-of-type	×	×	√	√	√	√	√	√	√	√
:only-child	×	×	√	√	√	√	√	√	√	√
:only-of-type	×	×	√	√	√	√	√	√	√	√
:empty	×	×	√	√	√	√	√	√	√	√
:target	×	×	√	√	√	√	√	√	√	√
:enabled	×	×	√	√	√	√	√	√	√	√
:disabled	×	×	√	√	√	√	√	√	√	√
:checked	×	×	√	√	√	√	√	√	√	√
:not	×	×	√	√	√	√	√	√	√	√

图 2-6　CSS 3 选择器的支持情况

2.4.3　HTML5 Web 应用程序

如图 2-7 所示，Chrome 与 Opera 对 Web 应用程序的支持是最好的，Firefox 与 Safari 相比，多了支持 Web Animations API、Web RTC Peer-to-peer Connections，Android 的支持情况又比 iOS 的好。从这些浏览器对 Web 应用程序的支持情况这一方面来看，也挺让开发人员激动的了。

css选择器	IE6	IE8	IE9	IE11	45	50	9.1	36	47	9.2
drag and drop	√	√	√	√	√	√	√	√	×	×
touch event	×	×	×	×	×	√	×	√	√	√
file API	×	×	×	√	√	√	√	√	√	√
geolocation	×	×	√	√	√	√	√	√	√	√
web animations API	×	×	×	×	√	√	×	√	√	×
web audio API	×	×	×	×	√	√	√	√	√	√
web cryptography	×	×	×	√	√	√	√	√	√	√
web MIDI API	×	×	×	×	×	√	×	√	√	×
web sockets	×	×	×	√	√	√	√	√	√	√
web storage-name/value pairs	×	√	√	√	√	√	√	√	√	√
web workers	×	×	×	√	√	√	√	√	√	√
web RTC Peer-to-peer connections	×	×	×	×	√	√	×	√	√	×

图 2-7　HTML5 Web 应用程序的支持情况

2.4.4 HTML5 图形和内嵌内容

如图 2-8 所示，其中对 favicons 与 fonts 的支持不太好，内置 Canvas，SVG 和 SVG in CSS backgrounds 等特性，Chrome、Firefox、Safari 和 Opera 以及手机端的两个浏览器也基本支持，当然，IE8 与 IE6 还是不支持。

css选择器										
	IE6	IE8	IE9	IE11	45	50	9.1	36	47	9.2
Canvas	×	×	√	√	√	√	√	√	√	√
Canvas blend modes	×	×	×	×	√	√	√	√	√	√
SVG	×	×	√	√	√	√	√	√	√	√
SVG effects for HTML	×	×	√	√	√	√	√	√	√	√
SVG favicons	×	×	×	×	√	×	√	×	×	√
SVG filters	×	×	×	√	√	√	√	√	√	√
SVG fragment identifiers	×	×	√	√	√	√	×	√	√	×
SVG in CSS backgrounds	×	×	√	√	√	√	√	√	√	√
SVG in HTML img element	×	×	√	√	√	√	√	√	√	√
SVG SMIL animation	×	×	×	×	√	√	√	√	√	√
SVG fonts	×	×	×	×	×	×	√	×	×	√

图 2-8　图形和内嵌内容的支持情况

2.4.5 HTML5 音频、视频

如图 2-9 所示，对于 HTML5 中的 Audio Element 和 Video Element 来说，Firefox、Chrome、Safari、Opera、Android、iOS 都支持，但音频轨道、视频轨道支持不太好，只有 Safari 和 iOS 全部支持。

css选择器										
	IE6	IE8	IE9	IE11	45	50	9.1	36	47	9.2
Audio Element	×	×	√	√	√	√	√	√	√	√
Audio Tracks	×	×	×	√	×	×	√	×	×	√
Video Element	×	×	√	√	√	√	√	√	√	√
Video Tracks	×	×	×	×	×	×	√	×	×	√

图 2-9　音频、视频支持情况

2.4.6 HTML5 表单输入

如图 2-10 所示，HTML5 新增了众多新的 input 类型，例如 DateTime、Range、Number、

Email、URL 等，以前这些都是需要使用 JavaScript 才能实现的功能，如今只需要设置 input 类型就能实现。Opera、Android 和 iOS 全部支持，Chrome、Firefox 和 Safari 都支持一部分，IE 家族则基本不支持。

css选择器	IE6	IE8	IE9	IE11	45	50	9.1	36	47	9.2
Form:Search	×	×	×	√	√	√	√	√	√	√
Form:Phone	×	×	×	√	√	√	√	√	√	√
Form:URL	×	×	×	√	√	√	√	√	√	√
Form:Email	×	×	×	√	√	√	√	√	√	√
Form:DateTime	×	×	×	×	×	√	×	√	√	√
Form:Date	×	×	×	×	×	√	×	√	√	√
Form:Month	×	×	×	×	×	√	×	√	√	√
Form:Week	×	×	×	×	×	√	×	√	√	√
Form:Time	×	×	×	×	×	√	×	√	√	√
Form:LocalTime	×	×	×	×	×	√	×	√	√	√
Form:Number	×	×	×	√	√	√	√	√	√	√
Form:Range	×	×	×	√	√	√	√	√	√	√

图 2-10　HTML5 表单输入的支持情况

2.4.7　HTML5 表单属性

HTML5 表单属性也是对表单功能的重要改进，简化了 Web 应用开发。如图 2-11 所示，Autocomplete 所有的浏览器都支持，Firefox 对 Min、Max 和 Placeholder 属性还是不支持，IE 又是基本不支持。

css选择器	IE6	IE8	IE9	IE11	45	50	9.1	36	47	9.2
autocomplete	√	√	√	√	√	√	√	√	√	√
autofocus	×	×	×	√	√	√	√	√	√	√
list	×	×	×	√	√	√	√	√	√	×
placeholder	×	×	×	×	×	√	√	√	√	√
min	×	×	×	×	×	√	×	√	√	√
max	×	×	×	×	×	√	×	√	√	√
multiple	×	×	×	√	√	√	√	√	×	√
pattern	×	×	×	√	√	√	√	√	√	√
required	×	×	×	√	√	√	√	√	√	√

图 2-11　HTML5 表单属性的支持情况

以上这些就是主流浏览器对 HTML5 和 CSS3 的支持情况，各个浏览器还在对支持它们的技术在做改进，可能大家在看到这本书时，支持情况会有变化，读者可从网络上获得最新的支持情况。

第 3 章

HTML5 表单新功能——注册和登录验证实战

本章重点知识

3.1　表单新控件详解
3.2　构建表单用户界面
3.3　表单验证
3.4　注册和登录实战

在 HTML 4 中，实现表单信息的录入需要用到的标签有 input 标签、select 标签、option 标签、textarea 标签、label 标签等，通过 input 的 type 属性可以调整输入框的类型。在 HTML 4 中提供了"text""password""radio""checkbox""submit"等，这些表单控件提供了不同类型的功能，但是一些数据的验证工作还需要结合 Javascript 等脚本语言来实现。

HTML5 中的元素和特性提供了更加强大的语义标记，其中关于表单的修改令人眼前一亮。其中有很多特性功能都非常实用，比如可以像在 Word 里面一样通过色板选择某种颜色，或者直接选择一个日期。此外，还有一些非常好用的属性，比如单击清除的属性，正则验证属性。虽然在不同的浏览器上的支持各有不同，但是这些新功能还是很值得我们去学习。

本章内容包括：

3.1：关于表单新的控件类型的详细介绍，包括 form 标签与 input 的标签的新写法，email 输入类型、url 输入类型、日期相关输入类型、time 输入类型、range 输入类型、search 输入类型、color 输入类型、datalist 标签等。

3.2：结合 HTML5 表单特性，制作一个登录页面和一个注册页面。

3.3：了解新的表单验证功能和属性，如 autofocus 属性、placeholder 属性、autocomplate 属性、novalidate 属性、multiple 属性、required 属性、pattern 属性、autocomplete 属性等，并且将这些属性添加到我们所写的页面中。

3.4：完成一个完整的登录注册设计流程。

3.1 表单新控件详解

3.1.1 新的表单结构

HTML5 中的表单结构变得更加自由，原先在 HTML 4 中所有的表单内容都得在一对 form 标签中，类似于这样：

```
<form action="" method="post">
<input type="text" name="account" value="请输入账号" />
</form>
```

在 HTML5 中表单控件完全可以放在页面中的任何位置，然后通过新增的 form 属性指向控件所属表单的 id 值，即可关联起来。这样代码的自由性就会更高了，类似于下面这样：

```
<form id="myform"></form>
<input type="text" form="myform " value="">
...
```

3.1.2 新增 type 属性

接下来，我们来认识一些新增 type 属性：

1．email 输入类型

说明：此类型要求键入格式正确的 Email 地址，否则浏览器是不允许提交的，并会有一个错误信息提示。此类型必须指定 name 值，否则无效果。

格式：<input type=email name=email>

错误效果展示（Firefox）如图 3-1 所示：

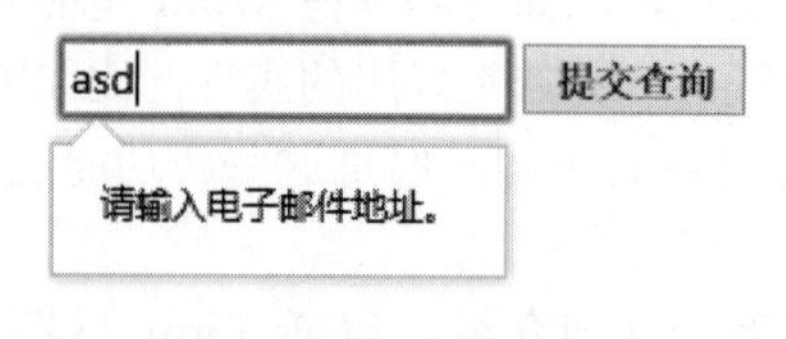

图 3-1

正确格式展示（Firefox）如图 3-2 所示：

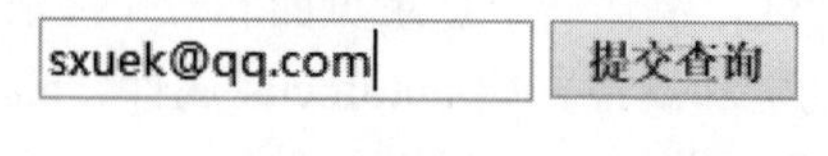

图 3-2

2．URL 输入类型

说明：此类型要求输入格式正确的 URL 地址，否则浏览器是不允许提交的，并会有一个错误信息提示。此类型必须指定 name 值，否则无效果。

格式：<input type=url name=url>

错误格式展示（Firefox）如图 3-3 所示：

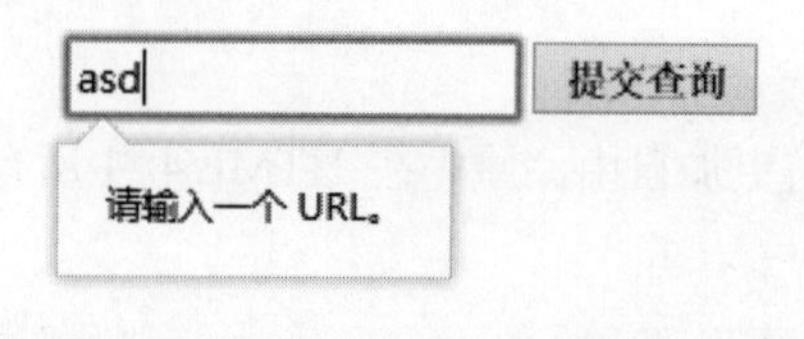

图 3-3

正确格式展示（Firefox）如图 3-4 所示：

图 3-4

3．时间日期相关输入类型

说明：时间日期相关输入类型这一系列表单控件提供了丰富的用于日期选择的表单样式，包括年、月、周、日等。只需要一行代码就可以实现交互性非常强的效果，但遗憾的是目前在 Windows 系统下仅有 Chrome 和 Opera 支持这个类型。

格式：<input type=date name=my_date>

效果展示（Chrome）如图 3-5 所示：

图 3-5

格式：<input type=time name=my_time>

效果展示（Chrome）如图 3-6 所示：

图 3-6

格式：<input type=month name=my_month>

效果展示（Chrome）如图 3-7 所示：

图 3-7

格式：<input type=week name=my_week>

效果展示（Chrome）如图 3-8 所示：

图 3-8

格式：<input type=datetime name=my_datetime>

经测试，datetime 类型在任何浏览器中都无效果。

格式：<input type=datetime-local name=my_localtime>

选取本地时间，效果展示（Chrome）如图 3-9 所示：

图 3-9

4. number 输入类型

说明：用于输入一个数值，可以通过属性设置最小值、最大值、数字间隔、默认值（IE 不支持）。

格式：<input type=number max=10 min=0 step=1 value=5 name=number>

max：规定允许的最大值；

min：规定允许的最小值；

step：规定合法的数字间隔；

value：规定默认值；

效果展示（Firefox）如图 3-10 所示：

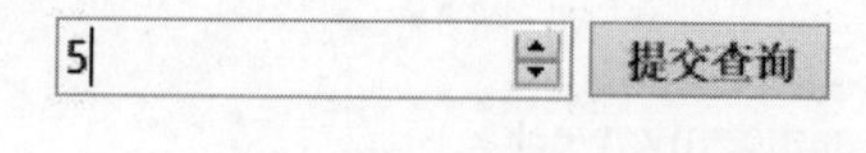

图 3-10

5. range 滑块类型

说明：和前面的 number 类似，只不过这里是用滑块展示，如果是在移动端展示的话，给用户的体验会比较好。

格式：<input type=range max=10 min=0 step=1 value=5 name=val>

max：规定允许的最大值；

min：规定允许的最小值；

step：规定合法的数字间隔；

value：规定默认值；

效果展示（Firefox）如图 3-11 所示：

图 3-11

6．search 输入类型

说明：此类型表示输入的将是一个搜索关键字，通过设置 results=s 可显示一个搜索小图标。

格式：<input type=search result=s>

效果展示（Chrome）如图 3-12 所示：

图 3-12

7．tel 输入类型

说明：此类型要求输入一个电话号码，换行符会从输入值中去掉。因为不同国家不同地区的电话号码差别明显，所以想要添加更多限制可以使用下一节会讲到的 pattern 等属性。

格式：<input type=tel>

8．color 输入类型

说明：一个非常炫酷的效果，并且在最新的 Firefox、Chrome、Opera 浏览器中都支持，可让用户通过颜色选择器选择一个颜色值，以十六进制保存，可以通过 value 访问到，并且可以自定义颜色组。

格式：<input type=color>

效果展示（Chrome）如图 3-13 所示：

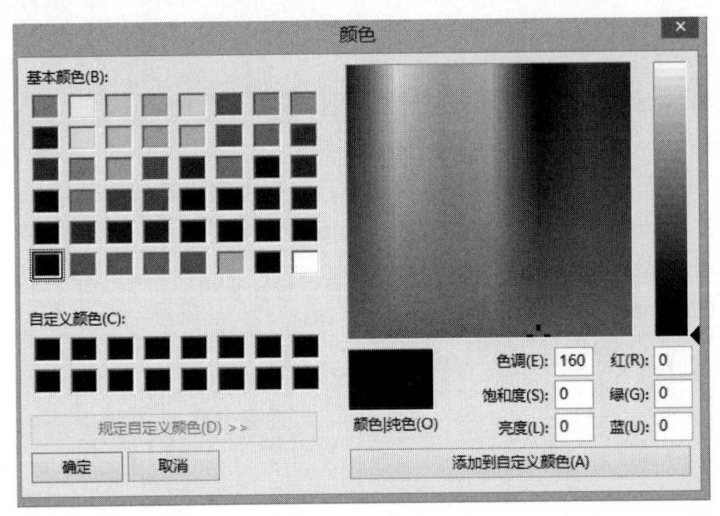

图 3-13

3.1.3 新增表单标签

HTML5 中新增的表单标签如下：

1．datalist 标签

说明：datalist 元素规定输入域的选项列表。

列表是通过 datalist 内的 option 元素创建的。

如需把 datalist 绑定到输入域，用输入域的 list 属性引用 datalist 的 id。列表当中的 value 属性是必须的，新版本的 Chrome 和 Opera 支持该属性。

格式：

```
    <input type="text" list="my_list" placeholder=" 热 门 书 籍 排 行 " name="seniority">
    <datalist id="my_list">
    <option label="Top1" value="HTML5 实战宝典">
    <option label="Top2" value="HTML5 实战宝典">
    <option label="Top3" value="HTML5 实战宝典">
    </datalist>
```

效果展示（Chrome）如图 3-14 所示：

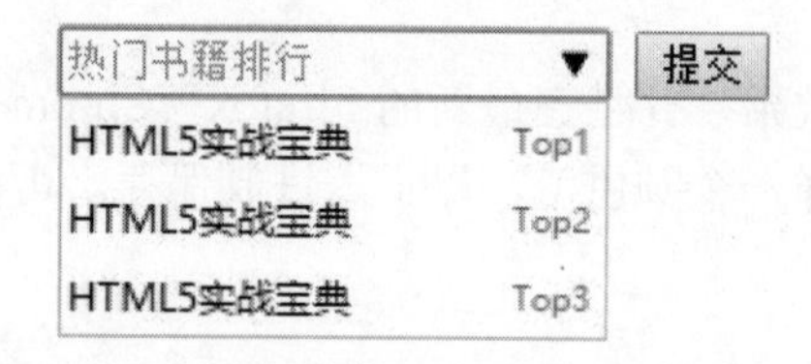

图 3-14

2．keygen 标签

说明：keygen 元素的作用是提供一种验证用户的可靠方法。

keygen 元素是密钥对生成器。当提交表单时，会生成两个键，一个是私钥，一个公钥。私钥存储于客户端，公钥则被发送到服务器。公钥可用于之后验证用户的客户端证书。

格式:用户名:<input type="text" name="my_name" />

加密:<keygen name="security">

效果展示（Chrome）如图 3-15 所示：

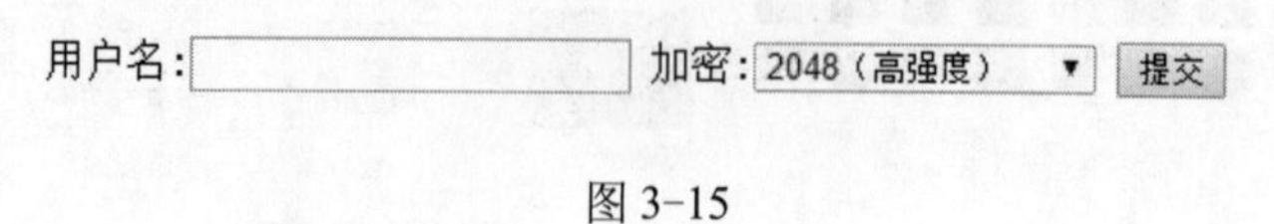

图 3-15

3．output 标签

说明：output 用于计算结果的输出，Firefox、Chrome、Opera 都支持此标签。

格式：

```
<script>
//页面加载完成后执行
window.onload=function(){
//通过 id 获取表单元素
var number= document.getElementById('number');
var total=document.getElementById('total');
//添加失去焦点事件
number.onblur=function(){
//计算总价 利用单价乘以数目
var totalprice=parseInt(document.getElementById('price').value)*parseInt
(this.value)
//将结果输出
total.value=totalprice;
}
}
</script>
<body>
<form action="">
单价:<input type="text" value="10" id="price" readonly="true">
数目:<input type="text" placeholder="请输入数目"id="number">
总价:<output id="total"></output>
</form>
</body>
```

效果展示（Chrome）如图 3-16 所示：

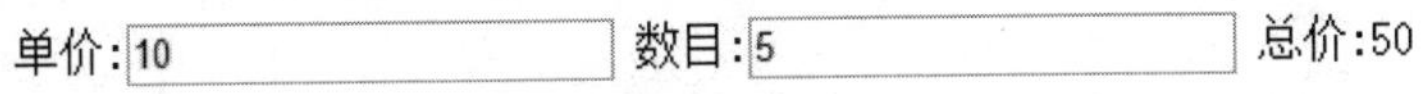

单价: 10 数目: 5 总价:50

图 3-16

3.2 构建表单用户界面

在本节中将结合 HTML5 来制作一个注册页面和一个登录页面。

3.2.1 注册页面

（1）首先完成表单背景的制作，给表单添加一个背景样式，读者自己定义即可。

```
<div class="bg">
</div>
```

（2）将整个表单分为三个 fieldset 字段组，分别表示账号信息，个人信息和联系方式，最后还要加上提交按钮如图 3-17 所示。

```
<div class="bgv">
```

```
<form action=""  method="post">
<fieldset>
<legend>账号信息</legend>
</fieldset>
<fieldset>
<legend>个人信息</legend>
</fieldset>
<fieldset>
<legend>联系方式</legend>
</fieldset>
 </form>
 </div>
```

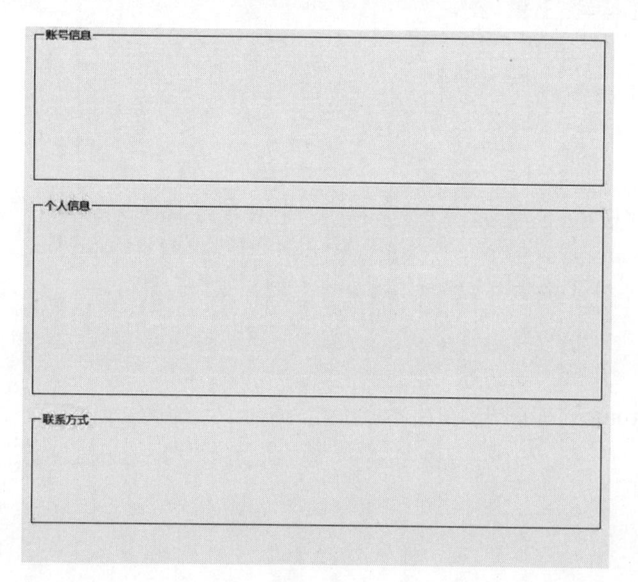

图 3-17

（3）第一部分账号和密码。一般在注册的时候密码需要确认，所以这里写两个密码输入框。

我们把整体结构分为左右两部分，左边的 div 里放 label 标签，右边的 div 里放 input 标签，右边可以留出一片区域，用于放一些提示文字。表单用 text 和 password 类型就可以。

```
<legend>账号信息</legend>
<div class="left">
<label for="account">账号：</label>
</div>
<div class="right">
<input type="text"  name="my_account"  id="account" >
<!--账号的输入框 采用普通的 text 类型就足够了-->
<div class="notice">请输入 8 位数长度字符串,可包括数字、小写字母或者大写字母，不能输入符号!</div>
</div>
```

```
<div class="left">
<label for="password">密码：</label>
<!--密码输入框 一般采用 type=password 这样输入的内容就会由实心圆代替 -->
</div>
<div class="right">
<input  type="password"  name="my_password"  id="password" >
</div>
<div class="left">
<label for="password2">再次输入密码：</label>
</div>
<div class="right">
<input type="password"  name="my_password2"  id="password2" >
<div class="notice">密码关系到您的账号安全，请记住您的密码，并且保持两次密码输入一致!</div>
</div>
```

在这里如果想要表单获得焦点，可以增加一条轮廓线，添加一个伪类选择器

```
input:focus{outline:1px solid red;}
```

这里还可以结合 JavaScript，当某个表单控件获得焦点时，将显示后面的提示文字如图 3-18 所示

```
window.onload=function(){
//获得账号表单控件的引用
var account=document.getElementById('account');
//获得提示文字的引用
var notice=document.getElementsByClassName('notice')
//账号控件获得焦点的时候触发的事件
account.onfocus=function(){
//获得焦点的时候 提示文字变为显示状态
notice[0].style.display="block"
}
//账号控件失去焦点的时候触发的事件
account.onblur=function(){
//失去焦点的时候 提示文字变为隐藏状态
notice[0].style.display="none"
}
}
```

图 3-18

（4）第二部分个人信息，包括姓名、年龄、出生日期、性别。在这里用到 text、number、date、radio 等类型，代码结构与第一部分大致相同如图 3-19 所示。

```
<legend>个人信息</legend>
<div class="left">
<label for="name">姓名:</label>
</div>
<div class="right">
<input type="text" name="my_name" id="name" >
</div>
<div class="left">
<label for="age">年龄:</label>
</div>
<div class="right">
<input type="number" name="my_age" id="age" min="0" max="99">
<!--年龄这里设置为 number 类型 最小值设置为 0 最大值设置为 99-->
</div>
<div class="left">
<label for="date">出生日期:</label>
</div>
<div class="right">
<input type="date" name="my_date" id="date" >
<!--出生日期 使用 data 控件是再合适不过的了 可以很方便地选取日期-->
</div>
<div class="left">
<label>性别:</label>
</div>
<div class="right">
<label>男:<input type="radio" name="my_sex"  value="boy" ></label>
<label>女:<input type="radio" name="my_sex"  value="girl" ></label>
</div>
```

图 3-19

（5）第三部分包括手机号码和电子邮件，在这里用到 tel 和 email 类型如图 3-20 所示。

```
<legend>联系方式</legend>
<div class="left">
```

```
<label for="tel">手机号码:</label>
</div>
<div class="right">
<input type="tel" name="my_tel" id="tel">
<!--电话号码这里使用 tel 控件 暂时不添加其他验证-->
</div>
<div class="left">
<label for="email">电子邮件:</label>
</div>
<div class="right">
<input type="email" name="my_email" id="email" >
<!--电话号码这里使用 email 控件 暂时不添加其他验证-->
</div>
```

图 3-20

（6）在最后添加一个提交按钮。

```
<input type="submit" name="my_submit" value="提交">
```

附：完整的 CSS 样式。

```
/*清除 body 以及一些控件的默认边距属性 设置基本的文字属性*/
body,input,textarea,select,option{
padding:0;margin:0;font-family: "微软雅黑";
font-size:14px;
}
/*设置整个背景的样式，这里读者可以自己找一张图片*/
.bg{
width:700px;height:auto;margin:0 auto;
background:url(bg.jpg);padding:10px;padding-top: 0;
background-size:content;
}
/*设置所有左侧控件名称部分样式*/
.left{
width:170px;height:30px;float:left;
text-align:right;line-height:30px;margin:10px 0;padding-right:30px;color:#fff;
}
/*设置所有右侧表单控件及提示文字容器样式*/
.right{
width:470px;height:30px;float:left;margin:10px 0;line-height: 30px;
}
```

```
/*设置所有右侧提示框样式*/
.right .notice{
width:150px;height:30px;float:right;
font-size:11px;line-height:13px;color:red;
display: none;
}
/*设置字段标题样式*/
legend{
color:#333;font-size:14px;
}
/*设置字段组样式*/
fieldset{
border:1px solid #555;margin-bottom:20px;
}
/*设置 label 的样式*/
label{color:#fff;}
/*设置表单控件的基本样式*/
input{
width:280px;height:30px;border:1px solid #888;
box-shadow:0  2px  1px  #aaa  inset;  padding-left:20px;vertical-align:
middle;
}
/*设置表单控件获得焦点通过验证时的样式*/
input:focus:valid{
outline:1px solid blue;
}
/*设置表单控件获得焦点未通过验证时的样式*/
input:focus:invalid{
outline:1px solid red;
}
/*设置单选控件的样式*/
input[name=my_sex]{
width:30px;height:15px;line-height: 30px;
border:0;border-radius:0;box-shadow:none;
outline:none!important;
}
/*设置提交按钮的样式*/
input[name=my_submit]{
width:100px;text-align: center;padding:0;
display: block;margin:10px auto;background:#F8FDFF;
}
```

3.2.2 登录页面

与注册页面类似，只需要有账号和密码输入框，再添加上登录按钮和一个注册链接就可以了如图 3-21 所示。

```
<form action="post" id="my_form"></form>
<div class="left">
<label for="account" >账号:</label>
</div>
<div class="right">
<input type="text" for="my_form" ></div>
<div class="left">
<label for="account">密码:</label>
</div>
<div class="right">
<input type="password" for="my_form">
</div>
<div class="button">
<input type="submit" value="登录" name="login">
<input type="submit" value="注册" name="sign">
</div>
```

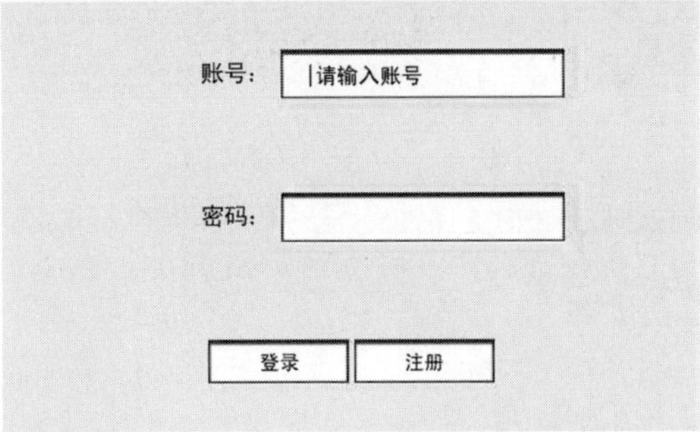

图 3-21

附：完整的 CSS 样式。

```
/*清除 body 以及一些控件的默认边距属性 设置基本的文字属性*/
body,input,textarea,select,option{
padding:0;margin:0;font-family: "微软雅黑";
font-size:14px;
}
/*设置整个背景的样式*/
.box{
width:500px;height:300px;background:url(bg.jpg);margin:0
auto;background-size:content;
}
/*设置所有左侧控件名称部分样式*/
.left{
width:180px;height:100px;float:left;
line-height: 100px;text-align: right;
```

```
        padding-right:20px;color:#fff;
        }
        /*设置所有右侧表单控容器样式*/
        .right{
        width:300px;height:100px;float:left;
        line-height: 100px;
        }
        /*设置按钮容器的样式*/
        .button{
        width:500px;height:100px;text-align: center;line-height: 100px;
        }
        /*设置表单控件的样式*/
        input{
        width:180px;height:30px;border:1px solid #888;
        box-shadow:0  2px  1px  #aaa  inset;  padding-left:20px;vertical-align:
middle;
        }
        /*设置提交和注册按钮的样式*/
        input[name=login],input[name=sign]{
        width:100px;height:30px;background:#fff;
        padding:0; font-weight: bold;
        cursor:pointer;
        }
        /*设置提交和注册按钮被单击时的样式*/
        input[name=login]:active,input[name=sign]:active{
        box-shadow:none;
        }
```

显示效果制作完成了，但是没有添加验证的功能，下一节将学习 HTML5 表单的新的验证属性和其他的一些功能，从而让表单功能更加完善。

3.3 表单验证

HTML5 提供了表单验证属性，可以简单地要求某个表单必须要填写，也可以添加一些正则验证。除此之外，HTML5 还提供了一些非常好用的关于表单操作的新功能。

3.3.1 表单控件中新增的功能属性

1. autofocus 属性

说明：当页面加载时，自动聚焦到某一个表单控件上。值为 Boolean 类型，一个文档中只能有一个表单控件具有此属性。

格式：<input type="text" autofocus="true">

2．placeholder 属性

说明：这是一个非常好用的属性，它会展示一段提示文字，当单击输入时，就会自动隐藏，内容为空时又自动显示。

格式：<input type="text" placeholder="请输入账号">

3．novalidate 属性

说明：此属性定义 form 或者某个 input 标签被提交时不用经过表单验证。

格式：<input type="text" novalidate="true">

4．autocomplete 属性

用于指示 input 元素是否能够拥有一个默认值，这个默认值是由浏览器自动补全的。这个设定可以被属于这个 form 的子元素的 autocomplete 属性覆盖。

off：在每一个用到的输入域里，用户必须显式的输入一个值，或者 document 以它自己的方式提供自动补全；浏览器不会自动补全输入。

on：浏览器能够根据用户之前在 form 里输入的值自动补全。

格式 :<input type="text" autocomplate="on/off">

5．multiple 属性

说明：给定输入域中可以选择多个，一般用在上传文件或者提交电子邮件地址的时候，多个值之间要用逗号隔开。

格式：<input type="email" multiple="multiple">

3.3.2　表单控件中新增的验证属性

1．required 属性

说明：此属性要求该表单必须被填写，否则不能提交且浏览器会有错误提示。

格式：<input type="text" required="required">

效果展示（Chrome）如图 3-22 所示：

图 3-22

2．pattern 属性

说明：此类型为正则验证，可以完成很复杂的验证。

格式：<input type="text" pattern="^[0-9]{5}$">

CSS3 中也有关于表单验证的伪类，比如说能够验证成功的添加伪类:valid。验证不成功的添加伪类:invalid。

```
    input:focus:valid{
```

```
outline:1px solid blue;
}
input:focus:invalid{
outline:1px solid red;
}
```

效果展示（Chrome）如图 3-23 所示：

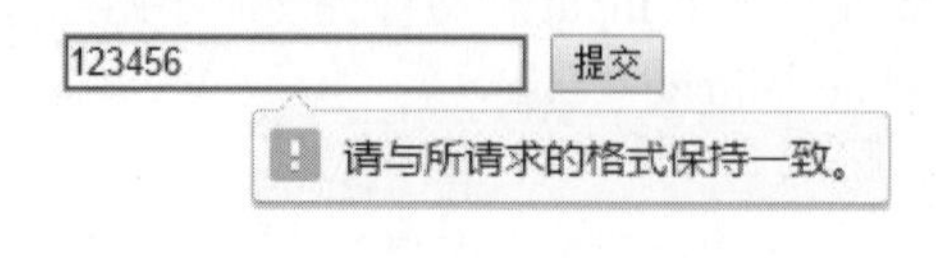

图 3-23

3．min 和 max 属性

说明：min 和 max 用于数值类型的表单验证，限制用户输入的最大值和最小值，属性值为数字。

格式：<input type="number" max="10" min="5">

效果展示（Chrome）如图 3-24 所示：

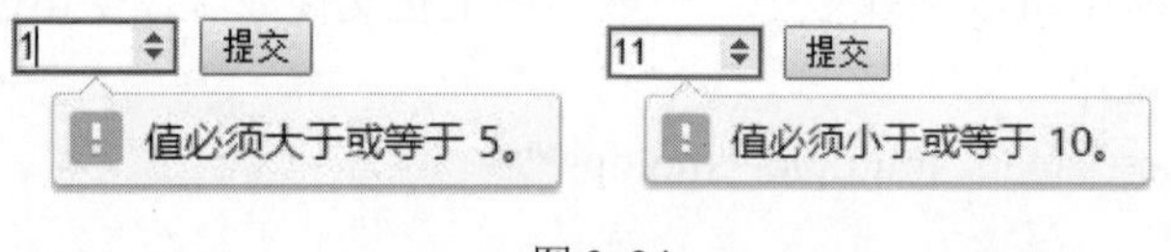

图 3-24

4．step 属性

说明：step 控制数值输入时的步幅。

格式：<input type="number" min="0" max="100" step="10">

效果展示（Chrome）如图 3-25 所示：

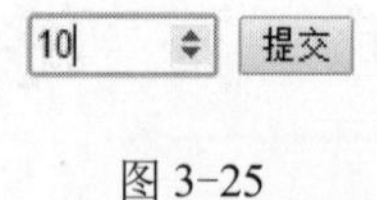

图 3-25

将这些验证规则对应的放置到上一节写好的表单控件中，一个表单验证提交的页面就完成了。

如：在电话号码验证中可以使用 required 和 placeholder、pattern 等属性。

```
<input type="tel" name="my_tel" id="tel" requrIEd="repuired"
placeholder= "请输入手机号码..." pattern="^[0-9]{11}$">
```

在年龄的验证中可以使用 min 属性、max 属性、required 等属性。

```
<input type="number" name="my_age" id="age" min="0" max="99" required=
"required">
```

最终界面如图 3-26 和图 3-27 所示：

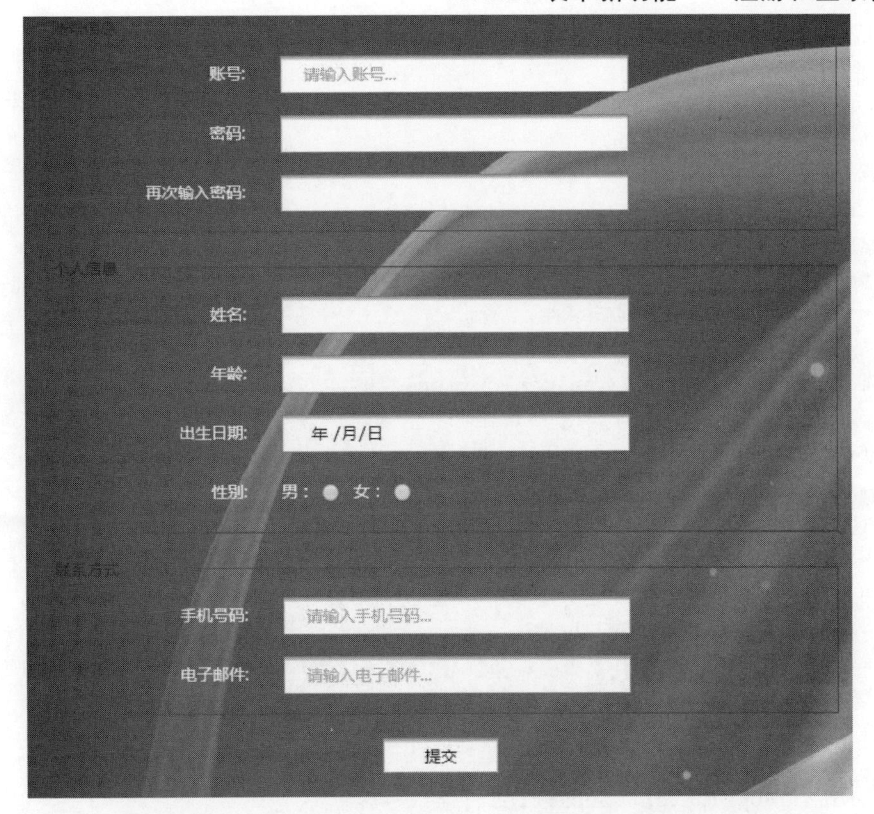

图 3-26

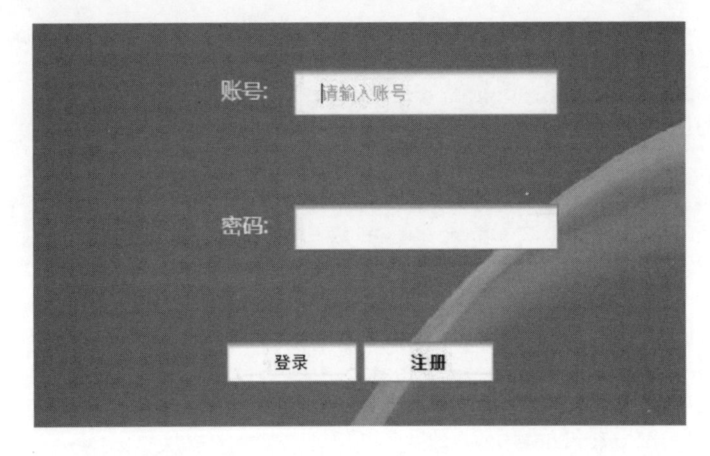

图 3-27

表单新增的验证属性可以帮助我们更快地完成表单验证工作。本书附录 B 中还提供了更多关于这些属性的介绍。在下一节中，我们将结合本地存储，完成完整的登录注册过程。

3.4 注册和登录实战

在本节中将结合后台 PHP 和数据库完成一个完整的登录注册功能，运行环境使用的是

Wamp 集成环境，关于这部分的信息读者可以参考本书附录 C。

首先是 HTML 布局部分。

登录页布局部分：

```
<!doctype html>
<html lang="en">
<head>
<meta charset="UTF-8">
<title>登录页面</title>
<style>
body,input,textarea,select,option{
padding:0;margin:0;font-family: "微软雅黑";
font-size:14px;
}
.box{
width:500px;
height:200px;
background:url(bg.jpg);
margin:0 auto;
background-size:content;
}
.left{
width:180px;height:50px;float:left;
line-height:50px;text-align:right;
padding-right:20px;color:#fff;
}
.right{
width:300px;height:50px;float:left;
line-height:50px;
}
.button{
width:500px;height:100px;text-align:center;line-height:100px;
}
input{
width:180px;height:30px;border:1px solid #888;
box-shadow:0 2px 1px #aaa inset;
padding-left:20px;
vertical-align:middle;
border-radius:15px;
}
input[name=login],input[name=sign]{
 width:100px;height:30px;background:#fff;
padding:0;font-weight:bold;
cursor:pointer;
}
input[name=login]:active,input[name=sign]:active{
```

```
        box-shadow:none;
        }
        </style>
        </head>
        <body>
        <form action="javascript:void(0)" id="my_form"></form>
        <div class="box">
        <div class="left">
        <label for="account" >账号:</label>
        </div>
        <div class="right">
        <input type="text" for="my_form" placeholder="请输入账号" autofocus="true"
id="account">
        </div>
        <div class="left">
        <label for="password">密码:</label>
        </div>
        <div class="right">
        <input type="password" for="my_form" id="password">
        </div>
        <div class="button">
        <input type="button" value="登录" name="login" for="my_form">
        <input type="button" value="注册" name="sign" for="my_form">
        </div>
        </div>
        </body>
        </html>
```

效果截图如图 3-28 所示：

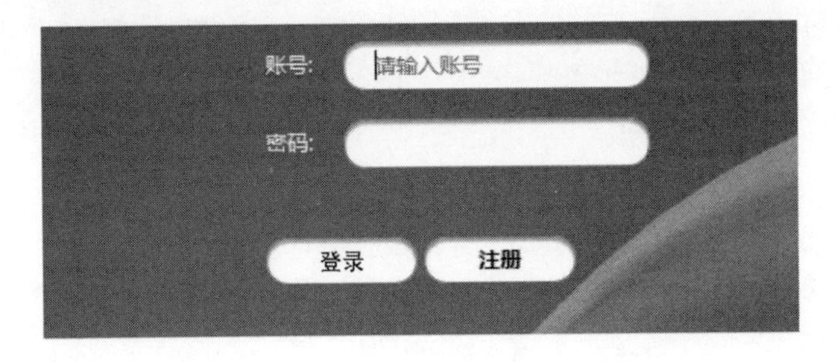

图 3-28

注册页布局部分：

```
        <!doctype html>
        <html lang="en">
        <head>
        <meta charset="UTF-8">
        <title>注册页面</title>
        <style>
```

```
body,input,textarea,select,option{
padding:0;margin:0;font-family: "微软雅黑";
font-size:14px;
}
.bg{
width:700px;height:auto;margin:0 auto;
background:url(bg.jpg);padding:10px;padding-top: 0;
background-size:content;
}
.left{
width:170px;height:30px;float:left;
text-align:right;line-height:30px;margin:10px 0;padding-right:30px;color:#fff;
}
.right{
width:470px;height:30px;float:left;margin:10px 0;line-height:30px;
}
.right.notice{
width:150px;height:30px;float:right;
font-size:11px;line-height:13px;color:#900;
display:none;
}
legend{
color:#333;font-size:14px;
}
fieldset{
border:1px solid #555;margin-bottom:20px;
}
label{color:#fff;}
input{
width:280px;height:30px;border:1px solid #888;
box-shadow:0 2px 1px #aaa inset;padding-left:20px;vertical-align: middle;
border-radius:15px;
}
input[name=my_submit]{
width:100px;text-align:center;padding:0;
display:block;margin:10px auto;background:#F8FDFF;}
</style>
</head>
<body>
<div class="bg">
<form action="javascript:void(0)" method="post">
<div class="left">
<label for="account">账号:</label>
</div>
<div class="right">
<input type="text" name="my_account" id="account" placeholder="请输入账
```

```
号..."pattern="^[a-z|A-Z|0-9]{8}$"autofocus="true"required="required" autocomplate=
"off">
        <div class="notice">请输入 8 位数长度字符串,可包括数字、小写字母或者大写字母，不
能输入符号!</div>
        </div>
        <div class="left">
        <label for="password">密码:</label>
        </div>
        <div class="right">
        <input type="password" name="my_password" id="password" required="required">
        </div>
        <div class="left">
        <label for="password2">再次输入密码:</label>
        </div>
        <div class="right">
        <input type="password"name="my_password2"id="password2" required= "required">
        <div class="notice">密码关系到您的账号安全，请记住您的密码，并且保持两次密码输入
一致!</div>
        </div>
        <input type="button" name="my_submit" value="提交">
        </form>
        </div>
        </body>
        </html>
```

效果截图如图 3-29 所示。

图 3-29

在 js 部分主要是利用表单验证和 ajax 验证结合，对于必填字段和输入格式进行验证，以及对于账号是否重复与数据库中的数据进行验证对比。

```
        // 获取要操作的元素
        var account=document.querySelector("#account");
        var password1=document.querySelector("#password");
        var password2=document.querySelector("#password2");
        var notice=document.querySelectorAll(".notice");
        var form=document.querySelector("form");
        var submit=document.querySelector("[type=submit]");
        // 账号获得焦点是显示提示框
```

```
account.onfocus=function(){
notice[0].style.display="block";
}
// 账号内容改变并失去焦点的时候判断账号是否重复
account.onchange=function(){
// 获取账号内容
var user=account.value;
// 实例化 ajax 对象
var xhr=new XMLHttpRequest();
// 配置 ajax 请求
xhr.open("post","check.php");
// 发送头信息
xhr.setRequestHeader("Content-Type","application/x-www-form-urlencoded");
// 发送请求
xhr.send("user="+user);
// 检测 ajax 状态改变
xhr.onreadystatechange=function(){
//当响应完成时
if(xhr.readyState==4){
//当响应成功时
if(xhr.status==200){
//接收响应的结果
var text=xhr.responseText;
// 如果结果为 0 说明用户名已被占用
if(text==0){
//显示错误提示
notice[0].style.display="block";
notice[0].innerHTML="该用户名已被占用"
//禁用提交按钮
submit.disabled=true;
}else{
// 否则验证成功
//隐藏错误提示
notice[0].style.display="none";
notice[0].innerHTML="请输入 8 位数长度字符串,可包括数字、小写字母或者大写字母,
不能输入符号!"
//恢复表单按钮
submit.disabled=false;
}
}
}
}
}
// 密码失去焦点并且内容改变时进行验证，验证两次输入的是否相同
password2.onchange=function(){
//获取第一次输入密码的结果
```

```
 var pw1=password1.value;
 //获取第二次输入密码的结果
 var pw2=password2.value;
//如果两次输入不相同
if(pw1!=pw2){
//显示错误提示
 notice[1].style.display="block";
//禁用提交按钮
 submit.disabled=true;
 }else{
//否则隐藏错误提示
 notice[1].style.display="none";
 submit.disabled=false;
 }
 }
// 表单提交之后将数据保存到数据库中
form.onsubmit=function(){
// 实例化 ajax 对象
 var xhr=new XMLHttpRequest();
 //配置 ajax 请求
xhr.open("post","insert.php");
//设置头信息
xhr.setRequestHeader("Content-Type","application/x-www-form-urlencoded");
 //发送请求
xhr.send("user="+account.value+"&pass="+password2.value);
 //监听 ajax 状态变化
xhr.onreadystatechange=function(){
//如果响应完成
 if(xhr.readyState==4){
//如果响应成功
 if(xhr.status==200){
//接收响应的数据
 var text=xhr.responseText
//如果为 1 则说明注册成功;
  if(text==1){
 // 成功之后弹出并且页面跳转到登录页
 alert("注册成功")
 location.href="login.html"
 }
 }
 }
 }
 }
```

注册成功之后就是登录部分，在登录部分依然是通过 js 获取输入的内容，通过 ajax 发送之后与数据库的数据进行对比。代码如下：

```
// 获取要操作的元素
var account=document.querySelector("#account");
var password=document.querySelector("#password");
var login=document.querySelector("[name=login]");
var sign=document.querySelector("[name=sign]");
// 点击注册按钮跳转到注册页面
sign.onclick=function(){
location.href="sign.html"
}
// 点击登录按钮获取表单数据与数据库中的数据进行对比
login.onclick=function(){
//获取输入的账号值
var user=account.value;
//获取输入的密码值
var pass=password.value;
//实例化ajax对象
var xhr=new XMLHttpRequest()
//配置请求;
xhr.open("post","login.php");
//添加头部信息
xhr.setRequestHeader("Content-Type","application/x-www-form-urlencoded");
//发送头部信息
xhr.send("user="+user+"&pass="+pass);
//检测ajax事件
xhr.onreadystatechange=function(){
//如果响应完成
if(xhr.readyState==4){
//如果响应成功
if(xhr.status==200){
//接收响应的数据
var text=xhr.responseText;
//如过返回1说明登录成功
if(text==1){
alert("登录成功")
//如果返回0说明密码错误
}else if(text==0){
alert("密码错误")
//如果返回2说明账号错误
}else if(text==2){
alert("账号错误")
}
}
}
}
}
```

附后台PHP部分文件，用于判断用户名已经存在的check.php。

```
<?php
//设置编码方式
header("Content-Type: text/html;charset=utf-8");
//获取用户名
$user=$_POST["user"];
//连接数据库
$mysql=new mysqli("localhost","root","","test");
//设置数据库编码方式
$mysql->set_charset("utf-8");
//查询语句
$sql="SELECT user FROM  login ";
//执行查询语句
$res=$mysql->query($sql);
//处理拿到的数据
$arr=$res->fetch_all(MYSQLI_ASSOC)
//获取数据的长度;
$len=count($arr)
//遍历每一条数据;
for($i=0;$i<$len;$i++){
//如果有这个用户名
if($arr[$i]["user"]==$user){
//返回 0
echo "0";
return ;
}
}
//否则返回1
echo "1";
?>
```

用于保存注册信息的 insert.php

```
<?Php
//定义编码方式
 header("Content-Type:text/html;charset=utf-8");
//连接数据库
 $mysql=new mysqli("localhost","root","","test");
 //获取提交的用户名
 $user=$_POST["user"];
 //获取提交的密码
 $pass=$_POST["pass"];
 //定义查询语句
$sql="INSERT INTO 'login' ('user','password') VALUES ('{$user}','{$pass}')";
 //执行查询语句
 $res=$mysql->query($sql);
 //如果存储成功返回1
 if($mysql->affected_rows==1){
```

```
    echo "1";
  }
?>
```

用于验证登录的 login.php。

```
<?php
//设置头部。编码方式必须和 html 的编码方式一样
header("Content-Type: text/html;charset=utf-8");
//链接数据库，以对象的方式去创建一个数据库链接
$mysql =new mysqli("localhost","root","","test");
//  如果链接失败的话，  errno 这个函数返回错误号，error 返回错误信息
if(mysqli_connect_errno()){
echo "链接数据库失败".mysqli_connect_error();
}
//设置查询数据库时候的编码方式
//设置编码方式
$mysql->set_charset("utf-8");
//获取提交的账号
$zhanghao=$_POST["user"];
//获取提交的密码
$pass=$_POST["pass"];
//定义查询字符串
$sql="SELECT 'user','password' FROM  'login' WHERE user='{$zhanghao}'";
//执行查询，把结果集存在一个变量里面
$res=$mysql->query($sql);
//  处理结果集
$arr=$res->fetch_all(MYSQLI_ASSOC);
//如果结果非空
if(!empty($arr)){
//判断账号用户名是否一致
if($zhanghao==$arr[0]["user"]){
//判断密码是否一致
if($pass==$arr[0]["password"]){
echo "1";
}else{
echo "0";
}
}
}else{
echo "2";
}
?>
```

这样，一个完整的登录注册流程就完成了。需要注意的是，这个流程中对于数据的安全性没有做进一步处理，这种方式可以给大家做为一个参考。

第 4 章

文件处理和拖拽——文件上传实战

本章重点知识

- **4.1 File API**
- **4.2 HTML5 拖拽事件**
- **4.3 dataTransfer 对象**
- **4.4 利用拖拽效果完成上传功能**

对文件的处理和上传等操作一直是 Web 开发中的一项重要环节,比如在填写个人信息时的头像上传，或者是邮件的上传等。传统的上传方式通过 HTML input 表单上传，通过提交按钮直接提交到指定的后台文件去处理，这种方式对于监测上传的进程是非常不利的。HTML5 中提供了 File API，File Reader API 等来帮助我们操作和处理文件，而拖拽也是获取上传文件的一种方式，HTML5 中新增的拖拽事件不仅可以处理在页面中的操作，也可以由在浏览器外发生的拖拽来触发。拖拽的文件也可以由 File 对象接收到，也就是说，我们现在可以直接通过 HTML5 实现拖拽文件上传功能了！

本章的主要内容：

4.1 利用 File API 上传文件的介绍，包括：File API、File Reader API、Formdata 等介绍，使用这些技术，完成一个通过 input 上传并显示上传进度的功能。

4.2 HTML5 拖拽事件简介，包括：ondragstart、ondragend、ondragenter、ondragover、ondrop、ondragleave 等事件。

4.3 dataTransfer 对象是由拖拽产生的事件对象的一个属性，包含被拖拽元素的详细信息。

4.4 结合拖拽事件和 File API 完成一个拖拽上传头像的案例。

4.1 File API

HTML5 File API，是改善基于浏览器的 Web 应用程序处理文件上传的方式，使文件直接上传成为可能。我们可以通过 input 标签获取上传的文件，或者是直接通过由拖放操作生成的 dataTransfer 对象获取文件。在获取到文件之后，我们还可以通过 File Reader API 来读取文件的信息，实现对于上传文件的显示，或者是对于上传进度进行监测等效果。

在上传处理中，我们常用到的对象有 File 对象、Formdata 对象、File Reader 对象等，并且如果我们想要真正实现上传功能，当然也离不开 Ajax 和后台处理程序。在本节中您将会了解一个上传文件的案例，并且包含上传之后的显示以及进度显示等功能。

4.1.1 File

File 对象是来自用户在一个<input>元素上选择文件后返回的 FileList 对象，也可以是来自由拖放操作生成的 dataTransfer 对象。

```
<input type="file">
```

在 HTML5 的表单中可以设置 multiple 属性，所以通过 input，我们也可以直接上传多个文件，在 js 中获取到 input 控件后，可以直接通过对象的 files 属性访问上传文件的集合 Filelist。在这个集合中包含上传的每一个文件以及集合的长度属性。

集合当中的某一个元素就是一个 File 对象，这个对象属性如下：

lastModifiedDate：当前 File 对象所引用文件最后修改时间；

name：当前 File 对象所引用文件的文件名；

size：当前 File 对象所引用文件的文件大小,单位为字节；

type：当前 File 对象所引用文件的文件类型（MIME 类型）。

利用这些属性可以轻易的完成一些关于文件上传类型，上传大小，文件格式等常见的验证判断。

4.1.2 FormData

通常我们提交（使用 submit button）时，会把 form 中的所有的表单元素的 name 与 value 组成一个查询字符串，提交到后台。但当我们使用 Ajax 提交时，这个过程就要变成人工的了。因此，FormData 对象的出现可以减少一些工作量。

修改或者获取 FormData 有三种方式：

（1）创建一个空的 FormData 对象，然后再用 append 方法逐个添加键值对。

```
var formdata=new FormData () ;
Formdata.append("name","zhangsan");
Formdata.append(fileobj);
```

（2）获取到 form 元素对象，将它作为参数传递到 FormData 中。

```
var formobj=document.querySelect("form");
 var formdata=new FormData(formobj);
```

（3）利用 form 元素对象的 getFormData 方法生成。

```
var formobj=document.querySelect("form");
var formdata=formobj.getFormData();
```

4.1.3 File Reader

使用 File Reader 对象 Web 应用程序可以异步的读取存储在用户计算机上的文件(或者原始数据缓冲)内容，可以使用File对象或者Blob对象来指定所要处理的文件或数据。其中 File 对象可以是来自用户在一个<input>元素上选择文件后返回的FileList对象，也可以来自拖拽操作生成的 dataTransfer对象，还可以是来自在一个HTMLCanvasElement上执行 mozGetAsFile() 方法后的返回结果。

要得到一个 File Reader 对象很简单：

```
var fr=new FileReader();
```

File Reader 对象有四个方法：abort、readAsDataURL、readAsText、readAsBinaryString，其中 abort()用于停止操作，后面三个分别表示将文件读取为 DataURL、读取为文本、读取为二进制编码。无论读取成功或失败，这几个方法都不会返回任何结果，返回的结果存储在对象的 result 属性当中。

File Reader 对象还有一系列的事件用来检测读取的状态，包括 onabort 中断、onerror 出错、onloadstart 开始、onprogress 正在读取、onload 成功读取、onloadend 读取完成，不论是否成功都会触发。

4.1.4 Ajax 和 Upload

Ajax 是用来异步操作数据的一种技术，使用 Ajax，我们可以将获取到的 FormData 对象通过 send 传递到后台处理程序，在 Ajax 中内置了一个 Upload 对象，这个对象身上有三个事件，分别是 onprogress 表示正在上传、onloadend 表示上传完成、ontimeout 表示请求超时。

onprogress 事件的事件对象中包含两个属性 loaded 和 total，分别可以表示已经上传完成的数据量和总的数据量。利用这些数据，我们可以制作上传进度条效果。

案例：通过 input 实现图片上传。

布局部分：

```
<head>
<meta http-equiv="Content-Type" content="text/html;charset=UTF-8">
<title>Document</title>
<style>
.container{
box-sizing:border-box;
width:404px;height:100px;border:1px solid #ccc;
border-radius:5px;
padding-top:20px;
background:linear-gradient(to bottom,#0ff,#0ff 20px,transparent 0);
margin:0 auto;
}
input{
padding:0;margin:0;
border:none;
}
.container input[type=file]{
width:300px;height:30px;
border:1px solid #ccc;
background-color:#7FFFD4;
color:#313131;
float:left;
}
.container input[type=button]{
width:100px;height:32px;
float:left;
border:1px solid #ccc;
color:#313131;
 }
progress{
display:block;
width:400px;
height:30px;
margin-top:7px;
}
```

```
.showarea{
width:600px;min-height:200px;
border:1px solid #ccc;
margin:30px auto;
 }
.showarea h3{
width:100px;
margin:0 auto;
line-height:60px;
text-align: center;
border-bottom:1px solid #ccc;
color:#313131;
}
.showareaimg{
max-width:100%;
}
</style>
</head>
<body>
<div class="container">
<input type="file">
<input type="button" value="上传">
<div style="clear:both"></div>
<progress value="0" max="100"></progress>
</div>
<div class="showarea">
<h3>显示区域</h3>
</div>
</body>
```

布局部分主要包含三个模块：上传提交模块、进度显示模块、图片显示模块，效果如图 4-1：

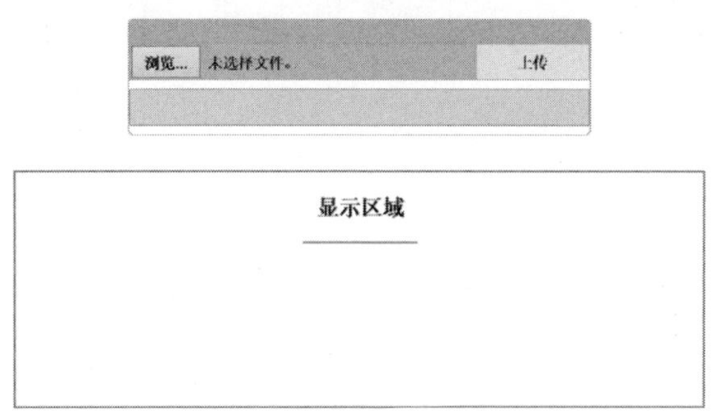

图 4-1

Js 部分：

```
<script>
// 获取相应的 DOM 对象
```

```
var file=document.querySelector("[type=file]");
var sub=document.querySelector("[type=button]");
var show=document.querySelector(".showarea");
var progress=document.querySelector("progress");
// 给上传按钮添加点击事件
sub.onclick=function(e){
//获取文件对象 因为是集合所以选择第 0 个
var fileobj=file.files[0];
//实例化 formdata 对象
var formdata=new FormData();
//将文件对象添加到 formdata 中
formdata.append("upload",fileobj);
// 实例化 ajax 对象
//var xhr=new XMLHttpRequest();
// 实例化文件读取对象
var fr=new FileReader();
// 将数据读取为地址信息
fr.readAsDataURL(fileobj)
fr.onload=function(e){
// 创建 img 标签
var img=document.createElement("img");
// 将图片路径设置为读取到的地址
img.src=this.result;
// 将图片添加到显示区域中
show.appendChild(img)
 }
// 注册文件上传中事件
xhr.upload.onprogress=function(e){
//获取当前上传进度传递到 progress 中显示
progress.value=parseInt(e.loaded/e.total*100)
}
// 配置 ajax 请求
xhr.open("post","file.php");
// 发送请求
xhr.send(formdata);
}
</script>
```

附后台部分代码，文件运行在 Wamp 集成环境中，更多关于 Wamp 的安装信息，请关注本书附录 C。

```
<?php
if(is_uploaded_file($_FILES['upload']['tmp_name'])){
move_uploaded_file($_FILES['upload']['tmp_name'],"./files/".$_FILES
['upload']['name']);
 };
?>
```

上传之后的效果如图 4-2 所示：

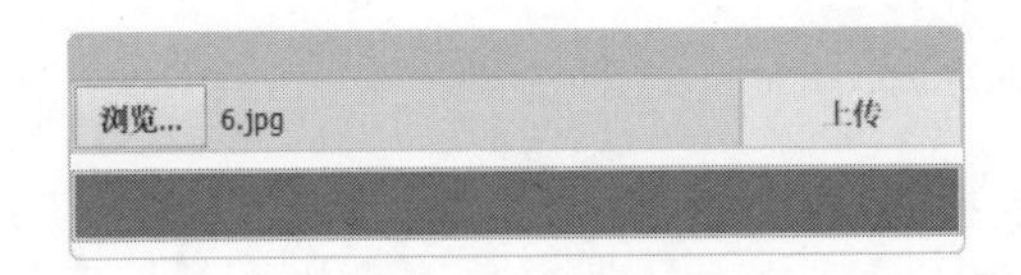

图 4-2

4.2 HTML5 拖拽事件

HTML5 提供了拖拽 API 效果，且在各个浏览器中都有很好的支持，可以实现一些拖拽上传、拖拽移动、拖拽删除等效果，原先我们想要实现拖拽的效果需要借助 Javascript 中的 onmousedown、onmousemove、onmouseout 这些事件来处理。HTML5 对拖拽事件进行了更加详细的划分，包括拖拽开始（ondragstart）、拖拽结束（ondragend）、进入目标区域（ondragenter）、在目标区域移动（ondragover）、投放到目标区域时（ondrop）、从目标区域离开（ondragleave）等事件。本节会对这些事件进行详细的介绍。

4.2.1 draggable 属性

想要在某个元素上使用拖拽，这个元素必须具备 draggable 属性。这个属性有三个值 true、false 或者 auto。true 表示可以拖动，false 表示不能拖动，auto 表示根据浏览器的情况自行判断。给一个 div 添加上 draggable 为 true，这个 div 就可以被拖动了。

格式:<div draggable="true"></div>

4.2.2 ondragstart 事件

ondragstart 表示被拖拽对象开始被拖动，作用于拖拽对象，例如：

```
<head>
<meta charset="UTF-8">
<title>Document</title>
<script>
window.onload=function(){
//获取被拖拽的对象
var img=document.querySelector(".demo img");
//获取投放区域对象
var demo2=document.querySelector(".demo2");
//添加拖拽开始事件
img.ondragstart=function(){
//拖拽开始事件处理程序
demo2.innerHTML="拖拽开始"
}
}
</script>
<style>
/*给被拖拽对象容器添加样式*/
.demo{
width:100px;height:100px;border:1px solid red;
}
/*给投放区域对象添加样式*/
.demo2{
width:200px;height:200px;border:1px solid green;
}
</style>
</head>
<body>
<div class="demo">
<img src="demo.jpg" alt="" draggable="true" width="100" height="100">
</div>
<div class="demo2"></div>
</body>
```

效果展示（Chrome）如图 4-3 所示。

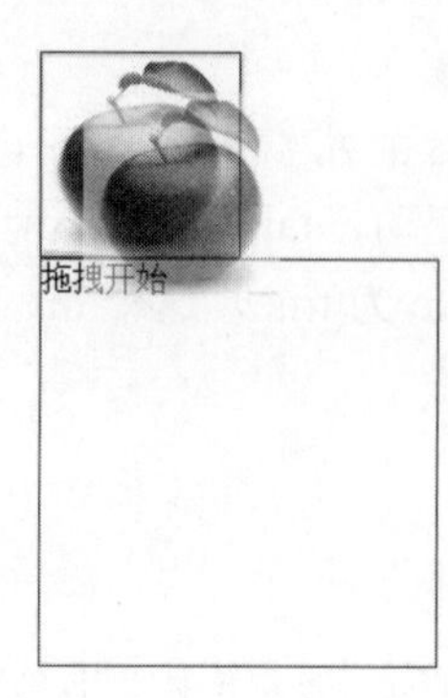

图 4-3

4.2.3 ondrag 事件

ondrag 事件表示元素被拖动的过程中触发的事件，作用于被拖拽对象，例如：

```
...同上
//添加拖拽事件
img.ondrag=function(){
demo2.innerHTML="拖拽中"
}
...同上
```

效果（Chrome）如图 4-4 所示。

图 4-4

4.2.4 ondragend 事件

ondragend 事件表示拖拽对象拖拽结束，作用于拖拽对象，例如：

```
...同上
<!--添加拖拽结束事件-->
img.ondragend=function(){
demo2.innerHTML="拖拽结束"
}
...同上
```

效果（Chrome）就是在放开被拖拽对象时 demo2 中会响应这个事件如图 4-5 所示。

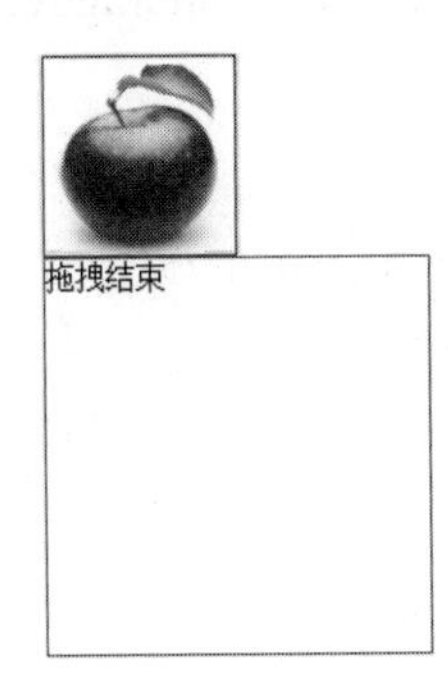

图 4-5

4.2.5 ondragenter 事件

作用于目标区域，也就是说要投放在哪片区域，就给哪片区域添加此事件，需要注意的是，这里的进入指的是鼠标的进入，不是拖拽对象的进入。例如

```
...同上
demo2.ondragenter=function(){
demo2.innerHTML="进入目标区域"
}
...同上
```

效果展示（Chrome）如图 4-6 所示。

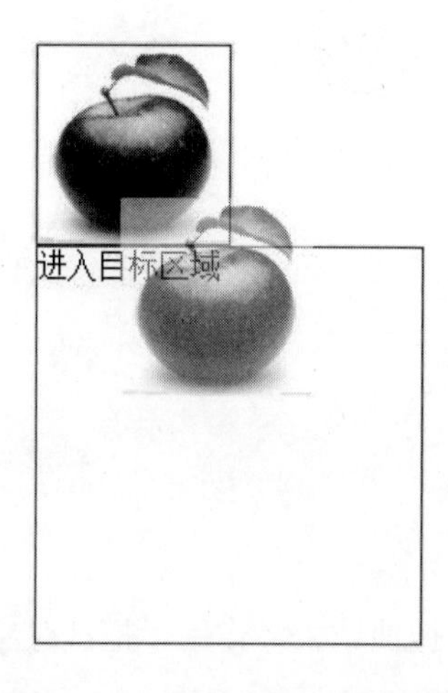

图 4-6

4.2.6 ondragover 事件

ondragover 作用于投放区域，只要鼠标在目标区域移动或者鼠标悬停，这个事件就会重复触发，在拖拽元素时，每隔 350 毫秒会触发 ondragover 事件。例如

```
...同上
demo2.ondragover=function(){
var word=document.createTextNode("在目标区域移动");
demo2.APPendChild(words);
}
...同上
```

效果展示（Chrome）如图 4-7 所示。

图 4-7

4.2.7 ondrop 事件

表示拖拽对象被投放在投放区域后触发的事件，作用于投放区域。需要注意的是，需要使用 ondrop 事件时，必须把 ondragover 事件的浏览器默认行为阻止掉。例如：

```
...同上
demo2.ondrop=function(e){
e.preventDefault();
demo2.innerHTML="投放完成";
}
demo2.ondragover=function(e){
e.preventDefault();
}
}
...同上
```

效果（Chrome）如图 4-8 所示。

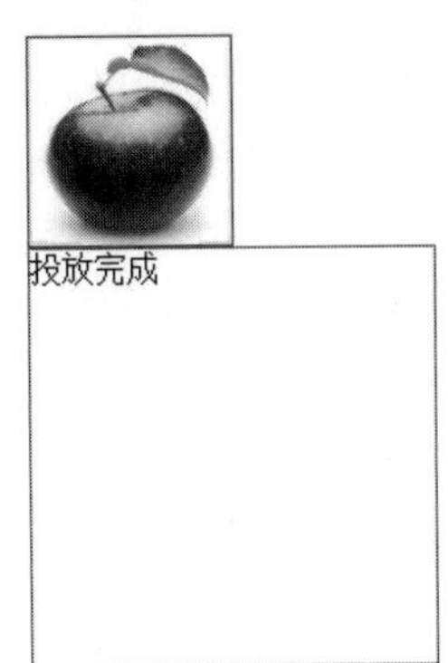

图 4-8

4.2.8 ondragleave 事件

ondragleave 事件表示被拖拽对象从投放区域离开时触发的效果（Chrome），如图 4-9 所示。

```
...同上
demo2.ondragleave=function(){
demo2.innerHTML="图片从目标区域离开"
}
...同上
```

图 4-9

完成一次页面内元素拖拽的行为事件过程，对于被拖拽:ondragstart→ondrag→ondragend；对于投放区域:ondragenter→ondragover→ondrop→ondragleave。完成一个功能并不需要把每一个都去调用，我们只需要选择几个需要的就可以了，HTML5 为了更加方便去传递一些拖拽当中的数据，还提供了 dataTransfer 对象，下一节将会详细的介绍这个对象的属性和方法。

4.3 dataTransfer 对象

dataTransfer 对象提供了对于预定义的剪贴板的访问，它属于拖拽事件对象的属性，所以要先访问到事件对象以便在拖拽操作中使用。简而言之，就是在进行拖拽操作时，可以在拖拽开始的时候获取拖拽对象的数据，在拖拽结束的时候又可以对这些数据进行操作。

4.3.1 dataTransfer 对象的属性

（1）dataTransfer.dropEffect 设置或返回目标上允许发生的拖拽操作，可以设置“null”“copy”“link”和“move“这四个值之一，但是如果设置的值不在 dataTransfer.effectAllowed 允许的操作中，则此拖放效果会失效，默认值是 none。

（2）dataTransfer.effectAllowed 返回允许执行的拖拽操作效果，可以设置修改，包含这些值：“none”“copy”“copyLink”“copyMove”“link”“linkMove”“move”“all”和

“uninitialized”。

（3）dataTransfer.types：返回在 dragstart 事件触发时为元素存储数据的格式，如果是外部文件的拖拽，则返回“files”。

（4）dataTransfer.items：返回 DataTransferItems 对象，该对象代表了拖动数据。

4.3.2 dataTransfer 对象的方法

（1）dataTransfer.setData（format,data），用于将指定格式的数据赋值给 dataTransfer 对象，format 代表数据的类型，比如，text、url 等，data 表示要设置的数据。

（2）dataTransfer.getData（format），与 setData 对应，getData 用于获取数据。例如:

```
<!doctype html>
<html lang="en">
<head>
<meta charset="UTF-8">
<title>Document</title>
<script>
window.onload=function(){
//获取被拖拽对象和投放区域
var img=document.querySelector(".demo img");
var demo2=document.querySelector(".demo2");
//在拖拽开始的时候获取图片的 src 属性，保存到 dataTransfer 对象上。
img.ondragstart=function(e){
e.dataTransfer.setData("url",this.src);
}
//阻止 ondragover 事件发生时的浏览器默认行为。
demo2.ondragover=function(e){
e.preventDefault();
}
//投放结束的时候获取 dataTransfer 对象上的保存的值。创建一个新图片，插入到容器中。
demo2.ondrop=function(e){
var src=e.dataTransfer.getData("url");
var img=document.createElement("img");
img.src=src;
demo2.APPendChild(img)
}
}
</script>
<style>
.demo{
width:100px;height:100px;border:1px solid red;
}
.demo2{
width:200px;height:200px;border:1px solid green;
}
```

```
img{
width:100px;height:100px;
}
</style>
</head>
<body>
<div class="demo">
<img src="demo.jpg" alt="" draggable="true">
</div>
<div class="demo2"></div>
</body>
</html>
```

利用这些代码我们可以完成一个简单的图片复制效果（Chrome），如图 4-10 所示。

图 4-10

4.4 利用拖拽效果完成上传功能

在本节中，我们将结合 drag 和 File API 完成一个拖拽上传头像的案例。在投放区域的 ondrop 事件中获取 dataTransfer 对象，在 dataTransfer 中可以获取到拖拽的文件信息，通过 Ajax 传递到后台，后台将上传图片的路径返回，然后在对应的区域显示。

```
<!doctype html>
<html lang="en">
<head>
<meta charset="UTF-8">
<title>Document</title>
<script>
window.onload=function(){
// 获取需要的元素
var head=document.querySelector(".head");
var droparea=document.querySelector('.droparea');
```

```
// 定义一个开关 用来绑定事件
var flag=true;
// 添加事件 处理上传区域的显示和隐藏
head.onclick=function(){
if(flag){
droparea.style.display='block';
}else{
droparea.style.display='none';
}
flag=!flag;
};
// 给投放区域添加投放事件
droparea.ondrop=function(e){
e.preventDefault();
//获取文件对象
var fileobj=e.dataTransfer.files[0];
//实例化 formdata 对象
var formdata=new FormData();
//将文件对象添加到 formdata 中
formdata.append("upload",fileobj);
// 实例化 ajax 对象
var xhr=new XMLHttpRequest();
// 实例化文件读取对象
xhr.open("post","file.php");
// 发送请求
xhr.send(formdata);
 // 注册 Ajax 上传完成事件
xhr.onreadystatechange=function(e){
// 当整个上传过程完成时
if(xhr.readyState=='4'){
// 当返回的状态码为成功或者未修改时
if(xhr.status=='200'||xhr.status=='304'){
// 将显示区域隐藏
droparea.style.display='none';
 // 开关恢复
flag=true;
//获取返回的数据
var src=xhr.responseText;
// 创建一张图片
var img=document.createElement("img");
 // 将图片路径设置为读取到的地址
img.src=src;
// 将图片添加到对应区域中
head.appendChild(img);
}
}
```

```
}
}
}
</script>
<style>
.head{
width:200px;height:200px;
margin:0 auto;
border:1px solid #ccc;
cursor:pointer;
font-size:80px;
text-align:center;
line-height:200px;
color:#ccc;
position:relative;
overflow:hidden;
}
.head:after{
content:"+";
display:block;
position:absolute;
width:100%;height:100%;
}
.head img{
max-width:100%;
max-height:100%;
position:absolute;
left:0;right:0;
top:0;bottom:0;
margin:auto;
z-index:1;
}
.droparea{
width:600px;height:300px;
position:absolute;
left:0;
right:0;
margin:auto;
border:1px dashed #ccc;
text-align:center;
line-height:300px;
font-size:60px;
font-family:'黑体';
color:#ccc;
display:none;
}
```

```
</style>
</head>
<body>
<div class="head"></div>
<div class="droparea">拖拽照片到这里</div>
</body>
</html>
```

效果如图 4-11、4-12 所示。
上传之前：

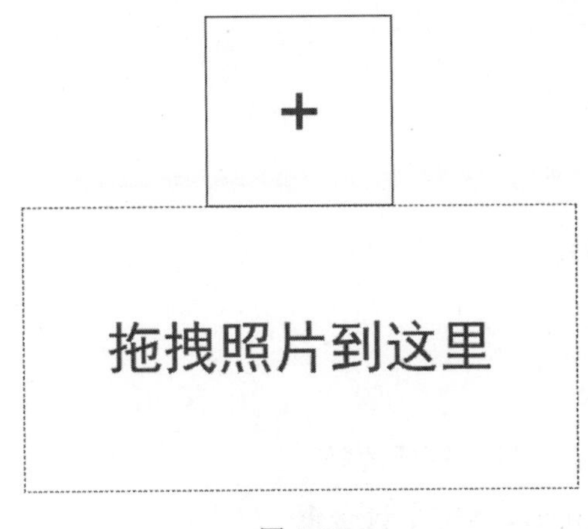

图 4-11

上传成功之后

图 4-12

HTML5 拖拽效果在各大主流浏览器平台上都获得了较好的支持，但在旧版的 IE 浏览器中还需要处理一些细节。File API 除了在 IE 中有部分功能不被支持之外，常用的功能还是可以正常使用的，所以，拖拽和 FileAPI 还是很值得我们研究和使用的。关于拖拽和文件处理 API 的部分，读者可以参考本书附录。

第 5 章

客户端存储——在线可编辑表格实战

本章重点知识

- 5.1　客户端存储概述
- 5.2　利用 localStorage API 管理数据
- 5.3　利用 sessionStorage API 管理数据
- 5.4　在线可编辑表格实战

5.1 客户端存储概述

Cookies 从 JavaScript 出现之初就一直存在，所以在 Web 上存储数据并不是个新概念。不过 Web 存储是数据存储的一种更强大的版本，它可提供更多的安全性、易用性和更快的速度。在 Web 上还可以存储相当大的数据，具体的大小取决于 Web 浏览器，但通常都在 5MB 到 10MB 之间。这对于一个 HTML 应用程序而言已经足够大了。另一个好处是此数据并不会在每次出现服务器请求时都被加载。唯一的限制是不能在浏览器之间分享这些 Web 存储，即如果在 Safari 中存储了数据，那么该数据在 Firefox 中是无法访问的。内置到 HTML5 中的 Web 存储对象有两种类型：

sessionStorage 对象负责存储一个会话的数据。如果用户关闭了页面或浏览器，则会销毁数据。localStorage 对象负责存储长期的数据。当 Web 页面或浏览器关闭时，仍会保持数据的存储，当然这还取决于浏览器设置的存储量。这两种存储对象具有相同的方法和属性。为了获得一致性，本书在所有的示例中使用的都是 localStorage 对象。下面，将了解 Web 存储的强大功能，以及它成为优于 Cookies 的一种存储方式的原因。我们还将探索基本的 Web 存储概念、HTML5 Web 存储方法和浏览器支持。

几乎所有主流浏览器均支持 Web 存储特性，这些浏览器包括 Firefox、Chrome、Safari、Opera 和 Microsoft IE 8.0 以上版本。但是 IE 7 和更早版本不支持 Web 存储。

HTML5 Web 存储的浏览器支持十分实用，但是，较旧的浏览器需要在使用之前检查 Web 存储支持的浏览器。这种检查非常简单，可以使用一个简单的条件语句来查看 HTML5 存储对象是否已经定义。如果已经定义，就可以放心进行 Web 存储脚本编写。如果未定义，而数据存储又是必需的，则需要采用一种备选方法，比如 JavaScript Cookie。

以下代码显示了一种简单的为 Storage 对象进行浏览器检查的方式。

```
    if(typeof(Storage)!== "undefined") { // Web storage is supported }
else { // Web storage is NOT supported }
```

5.2 利用 localStorage API 管理数据

localStorage 是一种永久在本地保存数据的方式，存储的数据量大，存储的数据在当前域名下都访问，localStroage 是 window 对象下的一个属性，所以访问它的时候可以不写 window。

1. 如何检测浏览器是否支持

```
if(window.localStorage){
alert("浏览器支持 localStorage")
}else{
alert("浏览器不支持 localStorage")
}
```

2. 如何添加数据

添加数据是通过键值的方式加载的，方式非常简单。

添加方式一：

```
localStorage.name="zhangsan";
```

添加方式二：

```
localStorage["age"]="17";
```

添加方式三：

```
localStorage.setItem("sex","man");
```

测试添加结果（Chrome）如图 5-1 所示：

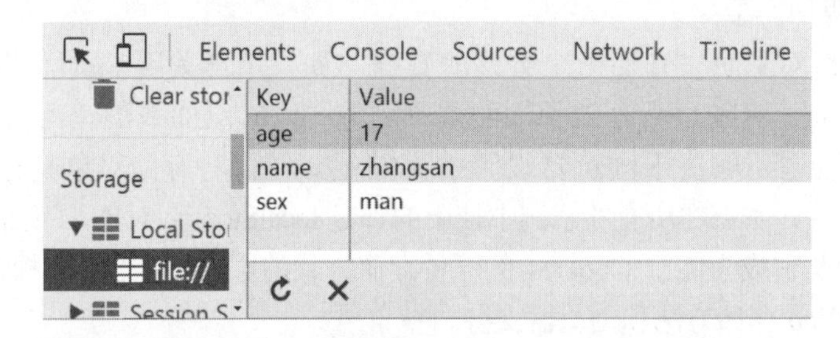

图 5-1

3．如何获取数据

获取方式与设置方式对应，也有三种方式。

获取方式一：

```
var val1=localStorage.name;
```

获取方式二：

```
var val2=localStorage["age"];
```

获取方式三：

```
var val3=localStorage.getItem("sex");
```

4．如何删除数据

```
localStorage.removeItem("name");
```

清除掉所有的数据

```
localStorage.clear();
```

需要注意的问题：

（1）localStorage 存储的数据只能是字符串，即使在存储的时候保存的是其他类型，获取到的还是一个字符串。

（2）假如我们想在 localStorage 中存储一个 json 格式的数据，不经过处理直接存储肯定是不可以的，我们可以使用 json 格式数据的转换方法 JSON.stringify()和 JSON.parse()，可以在 Json 格式和字符串格式之间互相转换：

```
var message={name:"zhangsan",age:17,sex:"man"}
localStorage.setItem("message",JSON.stringify(message))
var newmessage=JSON.parse(localStorage.getItem("message"))
```

（3）安全性问题。Web 存储并不比 Cookies 安全，所以不要在客户端存储敏感信息，例如密码或信用卡信息如图 5-2 所示。

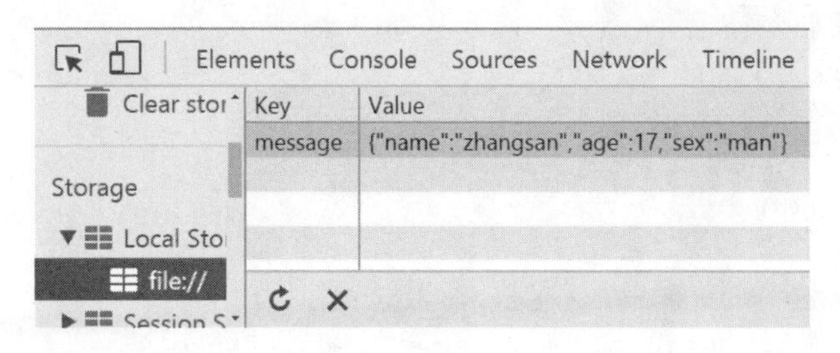

图 5-2

假设在您的网站上，要为一个 Web 表单提供离线支持。如果用户提交了表单，并且在网站恢复在线时让此表单与服务器同步，那岂不是很棒。HTML5 可以实现此目标，在 5.4 节中，有关于 localStroage 的保存表单信息的应用介绍。

5.3 利用 sessionStorage API 管理数据

sessionStorage 是 HTML5 Web 存储的另一种方式，用于存储本地一个会话（session）级别的数据，通过 sessionStorage 存储的数据和通过 localStorage 存储的数据有效期是不同的。一旦窗口或者标签页被永久关闭了，那么所有通过 sessionStorage 存储的数据也就被删除了。

sessionStorage 和 localStorage 拥有相同的 API，所以，在上一节中介绍的属性和方法，在这一节也可以使用。

比如设置数据如图 5-3 所示：

```
sessionStorage.name="zhangsan";
sessionStorage[age]="17";
sessionStorage.setItem("sex","man");
```

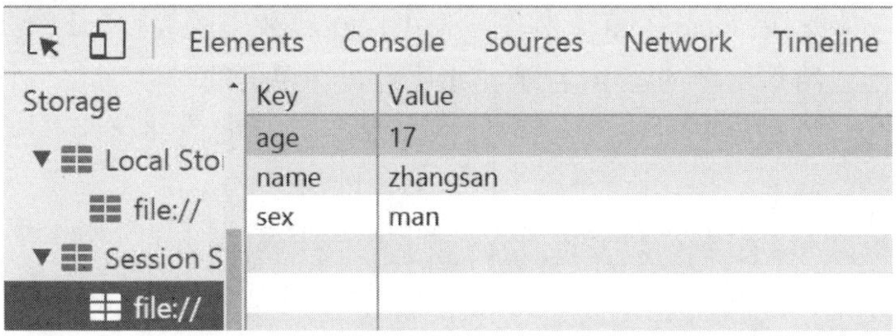

图 5-3

接下来，通过一个例子来运用一下 sessionStorage:

```
<!doctype html>
<html lang="en">
<head>
<meta charset="UTF-8">
<title>Document</title>
<script>
//页面加载完成后执行
window.onload=function(){
//获取展示次数的容器 span
var span=document.querySelector("div span");
//定义一个初始值 num
var num=0;
//如果在 session 中有 count 的值则获取这个值并自加
if(sessionStorage.getItem("count")!=undefined){
var newnum=Number(sessionStorage.getItem("count"));
span.innerHTML=++newnum;
sessionStorage.setItem("count",newnum);
}else{
//如果在 session 中没有 count 值则初设置为初始值
sessionStorage.setItem("count",num)
}
}
</script>
</head>
<body>
<div>当前是第<span>0</span>次刷新本页面</div>
</body>
</html>
```

这样，在页面中就能实时显示当前是第几次刷新页面。本书附录有关于本地存储 API 的相关介绍。Web Storage 的例子，读者可以自行查看。

5.4 在线可编辑表格实战

本节将介绍如何利用 localStorage 制作一个可以在线编辑的表格，以实现添加删除和修改等功能。主要通过给每一个内容 td 注册单击事件，在单击的时候生成一个 input 标签，用户可以在 input 中输入数据并且在失去焦点后获取到修改后的值并存入本地存储。完整地实现了增删改查的功能。

```
<!doctype html>
<html lang="en">
<head>
<meta charset="UTF-8">
<title>Document</title>
```

```
<style>
/*设置表格的样式*/
table {
width: 800px;
height: auto;
border-collapse: collapse;
border: 1px solid #000;
margin: 0 auto;
}
/*设置表头和 td 单元格的样式*/
td,th {
border: 1px solid #000;
}
/*设置添加按钮的样式*/
.add{
width: 798px;
height: 30px;
cursor: pointer;
text-align: center;
font-size: 20px;
line-height: 30px;
font-weight: bold;
border: 1px solid #000;
border-top: 0;
margin: 0 auto;
}
</style>
<script>
window.onload=function(){
//获取 table 对象
var table=document.getElementsByTagName("table")[0];
//如果本地存储中总 message 的结果为空则声明一个新数组
if(!localStorage.message){
var arr=[];
}else{
//如果不为空则将结果转化为 JSON 格式
var arr=JSON.parse(localStorage.message)
}
//遍历得到的数组，为每一条信息创建一个 tr
for(var i=0;i<arr.length;i++){
//创建一个 tr 标签
var tr=document.createElement("tr")
//在 tr 中放置四个 td 分别代表姓名 年龄 性别 删除
tr.innerHTML="<td                    attr='name'>"+arr[i].name+"</td><td
attr='age'>"+arr[i].age+"</td><td                attr='sex'>"+arr[i].sex+"</td><td
class='del'>删除</td>";
```

```
//将 tr 插入到 table 中
table.appendChild(tr);
}
//给 table 添加双击事件 通过事件委派的方式添加给每一个 td
table.ondblclick=function(e){
var target=e.target;
//判断如果这个 td 是一个可以用来输入操作的就继续进行
if(target.nodeName=="TD"&&target.className!="del"){
//获取当前 td 的 attr 属性
var attr=target.getAttribute("attr");
//获取当前 td 的父节点
var parent=target.parentNode;
//获取所有的 tr
var trs=document.getElementsByTagName("tr");
for (var i = 0; i < trs.length; i++) {
//遍历所有的 tr 判断如果当前 tr 是我们正在操作的 tr 则获取现在的 index 值
if(trs[i]==parent){
var index=i-1;
break;
}
};
//获取 td 中保存的旧值，如果这个值是空格则将这个值赋值为空字符串
var oldv=target.innerHTML;
if(oldv=="& "){
oldv="";
}
//将 td 中的内容清空
target.innerHTML="";
//创建一个输入框 input
var input=document.createElement("input");
//设置 input 的 type 类型和 value 值，value 就赋为刚才获取到的值
input.type="text";
input.value=oldv;
//将 input 插入到 td 中
target.appendChild(input);
//让 td 自动获得焦点
input.focus();
//input 失去焦点的时候，也就是我们的修改已经完成的时候执行
input.onblur=function(){
//获取得到的新值
var newv=this.value;
//从 td 中移除这个 input 元素
target.removeChild(this);
//将 td 的新值赋值为刚刚得带的新值
target.innerHTML=newv;
//判断如果新值和旧值一样则直接返回不在继续执行
```

```
        if(newv==oldv){
        return;
        }
        //将数组中对应的元素的对应属性赋值为新值
        arr[index][attr]=newv;
        //将数据存入 localStorage 中
        localStorage.message=JSON.stringify(arr);
        }
        }
        }
        //添加一条信息
        //获取添加按钮
        var add=document.getElementsByClassName("add")[0];
        //添加按钮被单击的时候触发的事件
        add.onclick=function(){
        //创建一个新的 tr
        var tr=document.createElement("tr");
        //在 tr 中放置四个 td 分别代表姓名 年龄 性别 删除
        tr.innerHTML="<td attr='name'> </td><td attr='age'> </td><td
attr='sex'> </td><td class='del'>删除</td>";
        //将 tr 插入到 table 中
        table.appendChild(tr)
        //创建一个空对象，包含姓名 年龄 性别这三个值
        var obj={name:"",age:"",sex:""};
        //将这个对象添加到 arr 中
        arr.push(obj);
        //将数据存入 localStorage 中
        localStorage.message=JSON.stringify(arr);
        }
        //给 table 添加单击事件 通过事件委派的方式给每一个 del 添加事件
        table.onclick=function(e){
        var target=e.target;
        //判断如果目标事件源的类名为 del 则继续进行
        if(target.className=="del"){
        //获取当前页面中所有的类名为 del 的元素
        var dels=document.getElementsByClassName("del");
        //遍历所有的 del 元素
        for (var i = 0; i < dels.length; i++) {
        //如果当前遍历的对象是我们的目标事件源，则获取 index 值
        if(target==dels[i]){
        var index=i;
        break;
        }
        };
        //获取当前目标事件源的父节点
        var parent=target.parentNode;
```

```
//从 table 中移出这个父节点(tr)
table.removeChild(parent);
//从 arr 中将当前 tr 对应的对象删除掉
arr.splice(index,1)
//更新 localStroage 中的内容
localStorage.message=JSON.stringify(arr);
}
}
}
</script>
</head>
<body>
<!-- HTML 部分 一个结构简单清晰的表格-->
<table>
<tr>
<th>姓名</th>
<th>年龄</th>
<th>性别</th>
<th>操作</th>
</tr>
</table>
<div class="add">
+
</div>
</body>
</html>
```

效果截图如图 5-4 所示。

姓名	年龄	性别	操作
张三	21	男	删除
李四	22	男	删除
+			

图 5-4

我们给这个信息表格添加了两组数据，在页面刷新之后，这两组数据依旧存在。单击“删除”，可以删除一行的数据。

效果截图如图 5-5 所示。

姓名	年龄	性别	操作
张三	30	男	删除
+			

图 5-5

对数据进行修改之后，刷新页面也可以保存修改后的结果。

第 6 章

HTML5 通信技术——在线五子棋实战

本章重点知识

6.1 WebSocket 概述
6.2 WebSocket 的原理及运行机制
6.3 在线五子棋实战

6.1 WebSocket 概述

众所周知，Web 应用的交互过程通常是客户端通过浏览器发出的一个请求，服务器端接收请求后进行处理并返回结果给客户端，客户端浏览器将信息呈现。这种机制对于信息变化不是特别频繁的应用尚可，但对于实时要求高、海量并发的应用来说就显得捉襟见肘。当前移动互联网蓬勃发展，高并发与用户实时响应是 Web 应用经常面临的问题，比如金融证券的实时信息，Web 导航应用中的地理位置获取，社交网络的实时消息推送等。

传统的请求-响应模式的 Web 开发在处理此类业务场景时，通常采用实时通信方案，常见的是：

（1）轮询，原理简单易懂，就是客户端通过一定的时间间隔以频繁请求的方式向服务器发送请求，来保持客户端和服务器端的数据同步。问题也很明显，当客户端以固定频率向服务器端发送请求时，服务器端的数据可能并没有更新，带来很多无谓请求，浪费带宽，效率低下。

（2）基于 Flash，Adobe Flash 通过自己的 Socket 完成数据交换，再利用 Flash 暴露出相应的接口为 JavaScript 调用，从而达到实时传输目的。此方式比轮询要高效，因为 Flash 安装率高，应用场景比较广泛，但在移动互联网终端上 Flash 的支持并不好。IOS 系统上没有 Flash 的存在，在 Android 上虽然有 Flash 的支持，但实际的使用效果差强人意，且对移动设备的硬件配置要求较高。2012 年 Adobe 官方宣布不再支持 Android 4.1 系统，宣告了 Flash 正式退出移动终端。

传统 Web 模式在处理高并发及实时性需求的时候，会遇到难以逾越的瓶颈，我们需要一种高效节能的双向通信机制来保证数据的实时传输。在此背景下，基于 HTML5 规范的，有 Web TCP 之称的 WebSocket 应运而生。

早期 HTML5 并没有形成业界统一的规范，各个浏览器和应用服务器厂商有着不同的实现方式，如 IBM 的 MQTT，Comet 开源框架等。直到 2014 年，HTML5 正式从草案落实为实际标准规范，各个应用服务器及浏览器厂商逐步开始统一，在 JavaEE 7 中也实现了 WebSocket 协议，从而无论是客户端还是服务端的 WebSocket 都已完备，读者可以查阅 HTML5 规范，熟悉新的 HTML 协议规范及 WebSocket 支持。

6.2 WebSocket 的原理及运行机制

WebSocket 是 HTML5 一种新协议。它实现了浏览器与服务器全双工通信，能更好地节省服务器资源和带宽并达到实时通信，它建立在 TCP 之上，同 HTTP 一样通过 TCP 来传输数据，但是它和 HTTP 最大的不同有以下几点：

WebSocket 是一种双向通信协议，在建立连接后，WebSocket 服务器和 Browser/Client Agent 都能主动的向对方发送或接收数据，就像 Socket 一样。

WebSocket 需要类似 TCP 的客户端和服务器端通过握手连接，连接成功后才能相互通信。

相对于传统的 HTTP 每次请求-应答都需要客户端与服务端建立连接的模式，WebSocket 采用类似 Socket 的 TCP 长连接的通信模式，一旦 WebSocket 连接建立后，后续数据都以帧序列的形式传输。在客户端断开 WebSocket 连接或 Server 端连接前，不需要客户端和服务端重新发起连接请求。在海量并发或客户端与服务器交互负载流量大的情况下，这样能极大地节省网络带宽资源的消耗，有明显的性能优势，且客户端发送和接收消息是在同一个持久连接上发起，实时性优势明显。

再通过客户端和服务端交互的报文看一下 WebSocket 通信与传统 HTTP 的不同：

在客户端，new WebSocket 实例化一个新的 WebSocket 客户端对象，连接类似 ws://yourdomain:port/path 的服务端 WebSocket URL，WebSocket 客户端对象会自动解析并识别为 WebSocket 请求，从而连接服务端端口，执行双方握手过程，客户端发送的数据格式类似：

```
GET /Webfin/WebSocket/ HTTP/1.1Host: localhostUpgrade: WebSocketConnection: UpgradeSec-WebSocket-Key: xqBt3ImNzJbYqRINxEFlkg==Origin: http://localhost: 8080Sec-WebSocket-Version: 13
```

可以看到，客户端发起的 WebSocket 连接报文类似传统 HTTP 报文，“Upgrade：WebSocket”参数值表明这是 WebSocket 类型请求，“Sec-WebSocket-Key”是 WebSocket 客户端发送的一个 base64 编码的密文，要求服务端必须返回一个对应加密的“Sec-WebSocket-Accept”应答，否则客户端会抛出“Error during WebSocket handshake”错误，并关闭连接。

服务端收到报文后返回的数据格式类似：

```
HTTP/1.1 101 Switching ProtocolsUpgrade: WebSocketConnection: UpgradeSec-WebSocket-Accept: K7DJLdLooIwIG/MOpvWFB3y3FE8=
```

“Sec-WebSocket-Accept”的值是服务端采用与客户端一致的密钥计算出来后返回客户端的，“HTTP/1.1 101 Switching Protocols”表示服务端接受 WebSocket 协议的客户端连接，经过这样的请求-响应处理后，客户端服务端的 WebSocket 连接握手成功，后续就可以进行 TCP 通信了。读者可以查阅 WebSocket 协议来了解 WebSocket 客户端和服务端更详细的交互数据格式。

6.3 在线五子棋实战

了解了其运作原理后，就可以使用 socket.io 这个 js 库来制作在线五子棋，关于 js 库的更多内容，大家可以访问官网 http://socket.io 去了解更多的信息。

前台技术 JavaScript + socket.io.js；

后台技术 Node.js + Express + socket.io 模块。

首先是 HTML 代码：

```
<!doctype HTML><HTML>
<head>
<meta charset="utf-8"/>
<title>Five-in-Row</title>
<meta name="vIEwport" content="width=device-width, initial-scale=1">
<link rel="stylesheet" href="/stylesheets/index.CSS"/>
```

```
</head>
<body>
<!-- js 脚本动态生成内容追加到此处 -->
<div class="sense" id="sence"></div>
<script src="/Javascripts/socket.io-1.3.7.js"></script>
<script src="/Javascripts/index.js"></script>
</body></HTML>
```

CSS 文件，处理一些简单的样式

```
body{
    background:#4b4843;
    font-family:"微软雅黑";
    color:#666;
}.sense{
    width:600px;
    height:600px;
    margin:50px auto;
    border-right:none;
    border-bottom:none;
    position:relative;
    box-shadow:-10px 10px 15px black;
    background:#8d6d45;
    border:2px solid black;
}.sense .block{
    float:left;
    margin-right:1px;
    margin-bottom:1px;
    border-radius:50%;
    position:relative;
    z-index:8884;
}.sense .row,.sense .col{
    background:#4d392b;
    position:absolute;
}.sense .row{
    width:100%;
    height:1px;
    left:0;
}.sense .col{
    width:1px;
    height:100%;
    top:0;
}.white{
    background: #ffffff;
}.black{
    background: #2c1d1b;
}
```

JavaScript 实现思路主要为画出场景、落子绘画、输赢判断和监听网络。

```
window.onload = function(){
  var socket = io(),
      sence = document.getElementById('sence'),
      //棋盘大小
      ROW = 10,NUM = ROW*ROW,

      //场景宽度
      senceWidth = sence.offsetWidth,

      //每颗棋子宽度
      blockWidth =Math.floor( (senceWidth-ROW)/ROW ) +'px',

      //用户开始默认可以落子
      canDrop = true,

      //用户默认落子为白棋
      color='white',

      //两个字典,用来存放白棋和黑子的已落子位置;以坐标为键,值为 true;
      whiteBlocks = {},blackBlocks = {};


    //创建场景
    (function (){
      var el,
          //在棋盘上画横线
          rowline,
          //在棋盘上画竖线
          colline;
      for ( var i = 0;  i < ROW;  i++){

        //按照计算好的间隔放置横线
        rowline = document.createElement('div');
        rowline.setAttribute('class','row');
        rowline.style.top= (senceWidth/ROW)/2 + (senceWidth/ROW)*i + 'px';
        sence.APPendChild(rowline);

        //按照计算好的间隔放置竖线
        colline = document.createElement('div');
        colline.setAttribute('class','col');
        colline.style.left=(senceWidth/ROW)/2 + (senceWidth/ROW)*i + 'px';
        sence.APPendChild(colline);

        for ( var j = 0;  j < ROW;  j++ ){
          el = document.createElement('div');
```

```
            el.style.width =  blockWidth;
            el.style.height = blockWidth;
            el.setAttribute('class','block');
            el.setAttribute('id', i + '_' + j );
            sence.APPendChild(el);
          }
        }
      })();


      var  id2Position = function(id){
        return {x:Number(id.split('_')[0]),y:Number(id.split('_')[1])};
      };
      var position2Id  = function(x,y){
        return  x + '_' + y ;
      };

      //判断落子后该色棋是否连 5;
      var  isHasWinner= function(id,dic){
        var x = id2Position(id).x;
        var y = id2Position(id).y;

        //用来记录横,竖,左斜,右斜方向的连续棋子数量
        var rowCount=1,colCount = 1, leftSkewLineCount=1,rightSkewLineCount= 1;

        //tx ty 作为游标,左移,右移,上移,下移,左上,右下,左下,右上移动,
        //每次数完某个方向的连续棋子后,游标会回到原点.
        var tx,ty;

        //注意,以下判断 5 连以上不算成功 如果规则有变动,条件改为大于 5 即可
        tx = x; ty = y; while(dic[ position2Id(tx,ty+1) ]) {rowCount++; ty++;}
        tx = x; ty = y; while(dic[ position2Id(tx,ty-1) ]){rowCount++;ty--;}
        if( rowCount == 5 ) return true;

        tx = x; ty = y; while(dic[ position2Id(tx+1,ty) ]){colCount++;tx++;}
        tx = x; ty = y; while(dic[ position2Id(tx-1,ty) ]){colCount++;tx--;}
        if( colCount == 5 ) return true;

        tx = x; ty = y; while(dic[ position2Id(tx+1,ty+1) ]) {leftSkew
LineCount++; tx++;ty++;}
        tx  =  x;  ty  =  y;  while(dic[  position2Id(tx-1,ty-1)  ])  {leftSkew
LineCount++; tx--;ty--;}
        if( leftSkewLineCount == 5 ) return true;

        tx  =  x;  ty  =  y;  while(dic[  position2Id(tx-1,ty+1)  ])  {rightSkew
LineCount++;tx--;ty++;}
```

```
        tx = x; ty = y; while(dic[ position2Id(tx+1,ty-1) ]) {rightSkew
LineCount++;tx++;ty--;}
        if( rightSkewLineCount == 5 ) return true;

        return false;
      };

      //处理对手发送过来的信息
      socket.on('drop one',function(data){
        canDrop = true;
        var el = document.getElementById(data.id);
        el.setAttribute('has-one','true');
        if(data.color == 'white'){
          color = 'black';
          el.setAttribute('class','block white');

          whiteBlocks[data.id] = true;

          if(isHasWinner(data.id,whiteBlocks)){
            alert('白棋赢');
            location.reload();
          }
        }else{
          el.setAttribute('class','block black');

          blackBlocks[data.id] = true;

          if(isHasWinner(data.id,blackBlocks)){
            alert('黑棋赢');
            location.reload();
          }
        }
      });

      //事件委托方式处理用户下棋
      sence.onclick = function(e){
        var el = e.target;
        if( !canDrop || el.hasAttribute('has-one') || el == this ) {
          return;
        }

        el.setAttribute('has-one','true');
        canDrop = false;
        var id = el.getAttribute('id');
        if( color == 'white' ){
          el.setAttribute('class','block white');
```

```
        whiteBlocks[id] = true;
        socket.emit('drop one', {id:id,color:'white'});
        if(isHasWinner(id,whiteBlocks)){
          alert('白棋赢');
          location.reload();
        }
      }
      if(color == 'black'){
        el.setAttribute('class','block black');
        blackBlocks[id] = true;
        socket.emit('drop one', {id:id,color:'black'});
        if(isHasWinner(id,blackBlocks)){
          alert('黑棋赢');
          location.reload();
        }
      }
    };
  };
```

服务器端实现代码：

```
    var express = require('express');var app = express();var http = require('http').Server(app);var io = require('socket.io')(http);
    io.on('connection', function(socket){
      socket.on('drop one', function(data){
        socket.broadcast.emit('drop one', data);
      });
    });
    app.use(express.static('public'));
    app.get('/', function(req, res){
      res.sendFile(__dirname + '/index.HTML');
    });

    http.listen(3000, function(){
      console.log('listening on *:3000');
    });
```

读者可以跟着注释去理清楚思路，再去完整地实现整个代码。

至此，我们利用 WebSocket 技术完成了一个有趣的在线五子棋游戏。

第 7 章

HTML5 画布——在线绘图板

本章重点知识

7.1 绘制基本图形

过去的很多年里，我们开发游戏和高度互动的应用时大多采用 Adobe 公司的 Flash。如今，移动应用呈现出爆炸式的发展的态势，但是 Adobe 公司的 Flash 却没有做出任何改进来迎接这场盛宴。于是 HTML5 的 Canvas API 带着撼动 Flash 霸主地位的决心强势登场了，HTML5 Canvas API 已经是在 PC、平板电脑和手机上开发跨平台动画和游戏的标准解决方案。

7.1.1 Canvas 浏览器支持

Firefox、Safari、Chrome 和 Opera 的最新版本以及 IE9 以上版本都支持 Canvas，但遗憾的是 IE8 及以下版本不支持。

值得庆幸的是针对不支持 HTML5 的 IE6、IE7、IE8，可以解决的方法是使用包含一个完整的基于 Canvas 的 JavaScript 库，这个库由 Google 提供，称为 ExplorerCanvas—或简称 ExCanvas。下载并将其作为一个外部文件引用，如下所示：

```
<!--[if lt IE 9]>
<script src="exCanvas.js"></script>
<![endif]-->
```

ExCanvas 兼容函数库下载地址：

```
https://github.com/arv/ExplorerCanvas
```

7.1.2 揭开 Canvas API 神秘面纱

Canvas 在 HTML5 中是一个非常强大的元素，接下来，我们开始去学习它。我们可使用 JavaScript 脚本来绘制图形，例如：画图，合成照片，创建动画甚至实时视频处理与渲染。而通过 Canvas 可以绘制路径、矩形、圆形、文字以及添加图像。要使用 Canvas 来绘制图形必须在页面中添加 Canvas 的标签。

Canvas 元素属性：

Canvas 通过标签上的属性定义其宽度和高度，属性具体方法如下：

Canvas 是一对标签，我们在使用的时候必须要使用开始标签和结束标签：

```
<canvas></canvas>
```

width 属性画布的宽度。这个属性可以指定为整数像素值或者是窗口宽度的百分比。默认值是 300px。

height 属性画布的高度。这个属性可以指定为整数像素值或者是窗口高度的百分比。默认值是 150px。

修改 Canvas 元素大小：

（1）通过标签方式修改的代码如下：

```
<canvas width="500" height="500" id="canv"></canvas>
```

（2）通过样式方式修改的代码如下：

```
#canv{
width:500px;
height:500px;
}
```

ⓘ **注意：**用这两种方式设置宽高，是存在差异的，而且通过行内属性的方式设置宽高，不能加单位 px。在 Canvas 标签中通过属性 width、height 修改宽高，修改的是 Canvas 元素的自身大小。而在样式表中修改 Canvas 标签宽高属性则是对它的内容进行缩放,如果比例与 Canvas 本身比例不一致会导致图像的扭曲。如果出现扭曲可以通过调整 Canvas 标签属性 width、height 来确保比例一致。

使用 Canvas 画布

请使用一个代码编辑器，新建一个 HTML5 的基本文档。我们需要在<body>标签中放置一个 Canvas 元素。为了可以清晰地看到 Canvas 元素的尺寸，它的默认尺寸是 width 为 300px，height 为 150px，我们修改 body 元素背景颜色，Canvas 默认透明，我们给它加一个白色背景。

代码清单：HTML 中添加 Canvas 标签

```
<!DOCTYPE html>
<html lang="en">
<head>
<meta charset="UTF-8">
<title>Canvas5.1-1</title>
<style>
body{
background:#444;
}
canvas{
background:#fff;
}
</style>
</head>
<body>
<!--在 Canvas 标签中我们写入提示信息，如果当前用户浏览器不支持会显示标签中的信息。-->
<canvas>请升级您的浏览器来支持 Canvas!</canvas>
</body>
</html>
```

如果浏览器支持，效果如图 7-1 所示。

如果浏览器不支持，则效果如图 7-2 所示。

图 7-1

图 7-2

7.1.3 使用 Canvas API 绘制图像

在 HTML 中定义好 Canvas 标签后，需要通过 JavaScript 进行图形的绘制。

Canvas 只是一个 HTML5 画布元素，它本身只是一个标签，并不具备绘制功能。如果要绘制图形，首先我们要获取到绘图环境，我们需要 JavaScript 给我们提供的 API 来对画布进行操作：

getContext()方法返回一个用于在画布上绘图的环境对象，通过使用该对象的属性、方法来进行图像绘制。

（1）语法

```
Canvas.getContext(contextID)
```

（2）参数

参数 contextID 指定了您想要在画布上绘制的类型。目前我们可以填写的值为"2d"（注意：2d 的字母 d 必须要小写），指定绘制类型为二维绘图，并且通过这个方法返回一个环境对象，该对象导出一个二维绘图 API。

（3）返回值

一个 Canvas Rendering Context2D 对象，我们通过这个对象来绘制图形。

代码清单： 通过脚本获取绘图环境。

```
<script>
window.onload=function(){
//1.获取 Canvas 元素
var can=document.getElementById("canv");
//2.获取绘图环境
var cobj=can.getContext("2d");
}
</script>
```

效果如图 7-3 所示。

Canvas 坐标系：

画布左上角为坐标原点(0,0)，横向为 x 轴，纵向为 y 轴。效果如图 7-3 所示。

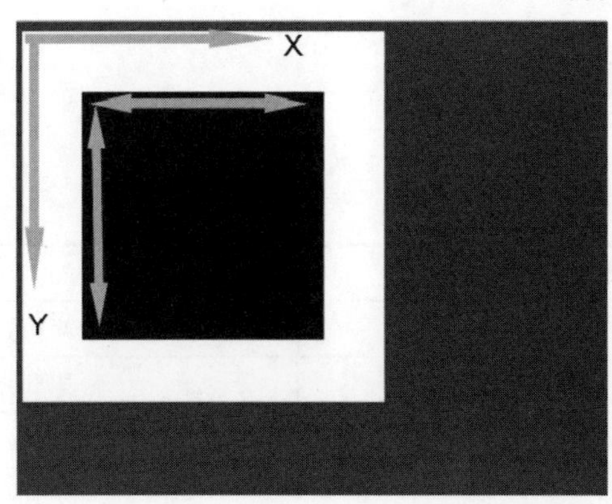

图 7-3

Canvas 元素绘制图像的时候有两种方法，分别是：

```
context.fill()//填充
context.stroke()//绘制边框
```

style：在进行图形绘制前，要通过以下几个属性设置好绘图的样式，分别可以通过三种方式来设置填充颜色。

rgb 方式：

```
context.fillStyle = 'rgb(255,0,0)';//设置绘制颜色
context.strokeStyle = 'rgb(255,0,0)';//设置绘制颜色
```

十六进制方式：

```
context.fillStyle = '#FF0000';//设置绘制颜色
context.strokeStyle = '#FF0000';//设置绘制颜色
```

单词方式：

```
context.fillStyle = 'red';//设置绘制颜色
context.strokeStyle = 'red';//设置绘制颜色
```

颜色的表示方式:

直接用颜色名称:"red""green""blue"

十六进制颜色值: "#EEEEFF"

rgb(1-255,1-255,1-255)

rgba(1-255,1-255,1-255,透明度)

绘制填充矩形：

定义和用法

fillRect() 方法绘制“已填色”的矩形。默认的填充颜色是黑色。

提示

使用 fillstyle 属性来设置用于填充绘图的颜色、渐变或模式（后续章节会介绍渐变填充）。

JavaScript 语法：

```
context.fillRect(x,y,width,height);
```

参数值如表 7-1 所示。

表 7-1

参　数	描　述
x	矩形左上角的 x 坐标
y	矩形左上角的 y 坐标
width	矩形的宽度，以像素计
height	矩形的高度，以像素计

代码清单：绘制填充矩形。

```
<script>
window.onload=function(){
//1.获取 Canvas 元素
var can=document.getElementById("canv");
//2.获取绘图环境
var cobj=can.getContext("2d");
//3.设定样式 填充颜色 blue
cobj.fillStyle="blue";
//4.开始填充 参数 left,top,width,height
cobj.fillRect(50,50,200,200);
}
</script>
```

效果如图 7-4 所示。

图 7-4

绘制矩形框：定义和用法。

strokeRect()方法绘制一个描边效果的矩形。笔触的默认颜色是黑色。

ⓘ 提示

请使用 strokeStyle 属性来设置笔触的颜色、渐变或模式（后续章节会介绍渐变填充）。

JavaScript 语法为：

```
context.strokeRect(x,y,width,height);
```

参数值如表 7-2 所示。

表 7-2

参　数	描　述
x	矩形左上角的 x 坐标
y	矩形左上角的 y 坐标
width	矩形的宽度，以像素计
height	矩形的高度，以像素计

代码清单：绘制矩形框。

```
<script>
window.onload=function(){
//1.获取 Canvas 元素
var can=document.getElementById("canv");
//2.获取绘图环境
var cobj=can.getContext("2d");
//3.设定样式 填充颜色 blue 线粗细 5
cobj.strokeStyle="blue";
cobj.lineWidth=5;
//4.开始填充 参数 left,top,width,height
cobj.strokeRect(50,50,200,200);
}
</script>
```

效果如图 7-5 所示。

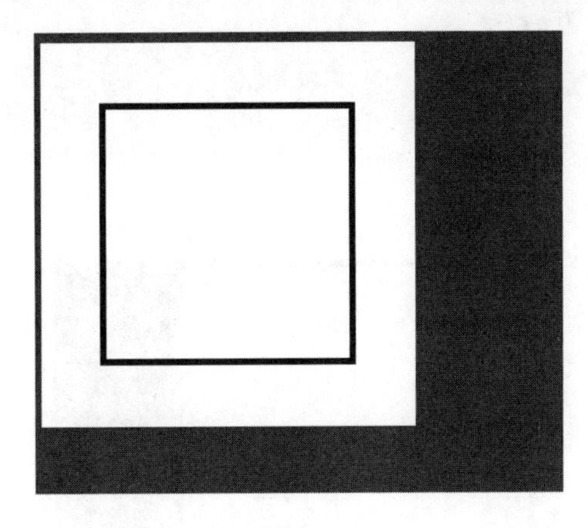

图 7-5

绘制路径：

beginPath()开始一条路径，或重置当前的路径。

moveTo(x，y)设置路径起点坐标(x，y)。

lineTo()：添加一个新点，然后创建从该点到画布中最后指定点的路径（该方法只设定位置并不会绘制线条）。

closePath()：创建从当前点到开始点的路径。

beginPath()与 closePath() 结合使用，主要作用是避免绘制之间的相互影响。

代码清单：绘制矩形框。

```
<script>
window.onload=function(){
//1.获取 Canvas 元素
var can=document.getElementById("canv");
//2.获取绘图环境
var cobj=can.getContext("2d");
//3.绘制线条
cobj.beginPath();//开始绘制路径
cobj.moveTo(50,50);//设置路径起点 坐标(50,50)
cobj.lineTo(100,100);//绘制到坐标(100,100)的直线
cobj.closePath();//闭合绘制路径
cobj.lineWidth=5;//设置线宽
cobj.strokeStyle="blue";//设置线条颜色
cobj.stroke();//绘制当前路径着色

//4.绘制填充三角形
cobj.beginPath();//开始绘制路径
cobj.moveTo(50,120);//设置路径起点 坐标(50,120)
cobj.lineTo(90,160);//绘制到坐标(90,160)的直线
cobj.lineTo(260,120);//绘制到坐标(260,120)的直线
cobj.closePath();//闭合绘制路径
cobj.fillStyle="yellow";//设置填充颜色
cobj.fill();//开始填充

}
</script>
```

效果如图 7-6 所示。

图 7-6

绘制圆形或者椭圆：

arc()方法创建弧/曲线（用于创建圆或部分圆）。

提示

如需通过 arc() 来创建圆，请把起始角设置为 0，结束角设置为 2*Math.PI，如图 7-7 所示。

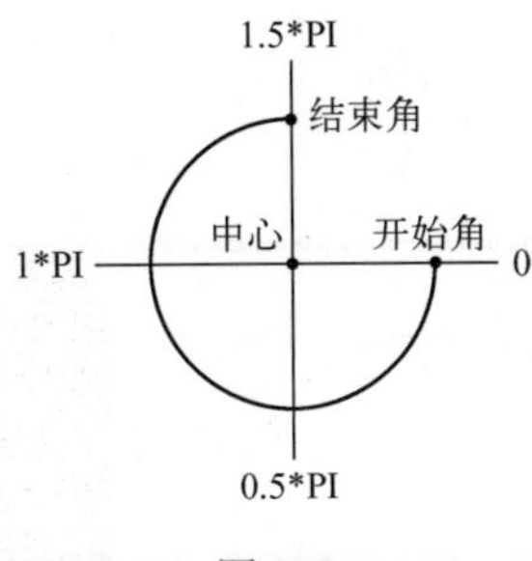

图 7-7

```
中心：arc(100,75,50,0*Math.PI,1.5*Math.PI)
起始角：arc(100,75,50,0,1.5*Math.PI)
结束角：arc(100,75,50,0*Math.PI,1.5*Math.PI)
```

JavaScript 语法：

```
context.arc(x,y,r,sAngle,eAngle,counterclockwise);
```

参数值如表 7-3 所示。

表 7-3

参　数	描　述
x	圆的中心的 x 坐标
y	圆的中心的 y 坐标
r	圆的半径
sAngle	起始角，以弧度计。（弧的圆形的三点钟位置是 0 度）
eAngle	结束角，以弧度计
counterclockwise	可选。规定应该逆时针还是顺时针绘图。false = 顺时针，true = 逆时针

代码清单：绘制圆形框。

```
<script>
window.onload=function(){
//1.获取 Canvas 元素
var can=document.getElementById("canv");
//2.获取绘图环境
var cobj=can.getContext("2d");
//3.绘制圆形
cobj.beginPath();//开始绘制路径
//绘制以(60,60)为圆心,50 为半径长度,从 0 度到 360 度(PI 是 180 度),最后一个参数代表
顺时针旋转
```

```
cobj.arc(140, 140, 100, 0,360 * Math.PI / 180, true);
cobj.lineWidth = 2.0;//线的宽度
cobj.strokeStyle = "blue";//线的样式
cobj.stroke();//绘制空心的，当然如果使用 fill 那就是填充了

}
</script>
```

效果如图 7-8 所示。

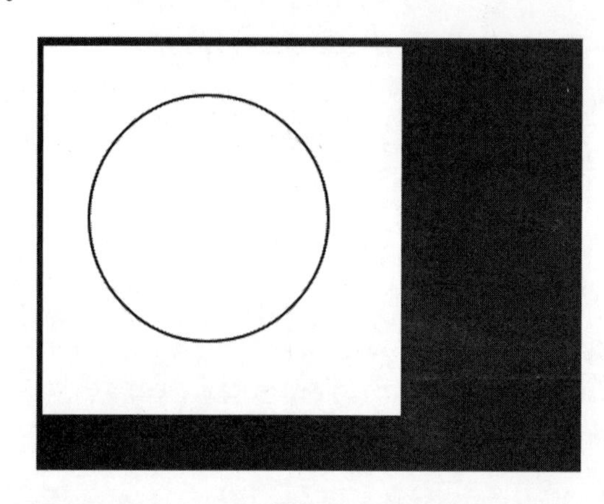

图 7-8

绘制弧线：

arcTo()方法在画布上创建介于两个切线之间的弧/曲线。

提示

请使用 stroke()方法在画布上绘制确切的弧。

JavaScript 语法：

```
context.fillRect(x1,y1,x2,y2,r);
```

参数值如表 7-4 所示。

表 7-4

参　数	描　述
x1	弧的起点的 x 坐标
y1	弧的起点的 y 坐标
x2	弧的终点的 x 坐标
y2	弧的终点的 y 坐标
r	弧的半径

代码清单：绘制弧线。

```
<script>
window.onload=function(){
//1.获取 Canvas 元素
```

```
    var can=document.getElementById("canv");
    //2.获取绘图环境
    var cobj=can.getContext("2d");
    //3.绘制弧线
    cobj.beginPath();//开始绘制路径
    cobj.moveTo(100,200);// 创建开始点
    cobj.arcTo(100,100,200,100,50);// 创建弧
    cobj.lineWidth = 2.0;//线的宽度
    cobj.strokeStyle = "blue";//线的样式
    cobj.stroke();//绘制空心的，当然如果使用 fill 那就是填充了。

    }
    </script>
```

效果如图 7-9 所示。

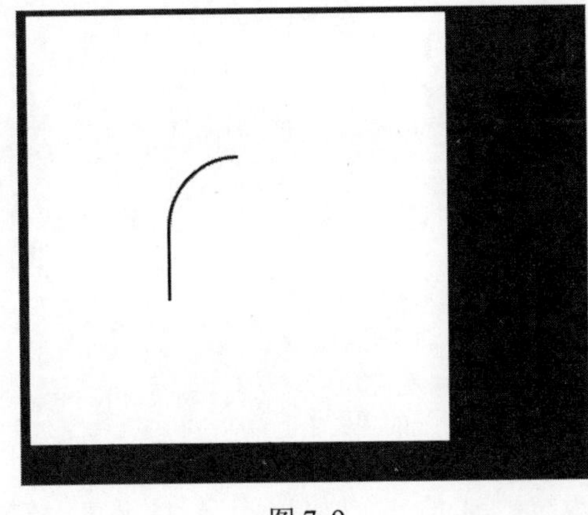

图 7-9

绘制二次贝塞尔曲线：

quadraticCurveTo()方法：通过使用表示二次贝塞尔曲线的指定控制点，向当前路径添加一个点。

提示

二次贝塞尔曲线需要两个点。第一个点是用于二次贝塞尔计算中的控制点，第二个点是曲线的结束点。曲线的开始点是当前路径中最后一个点。如果路径不存在，那么请使用 beginPath()和 moveTo()方法来定义开始点，效果如图 7-10 所示。

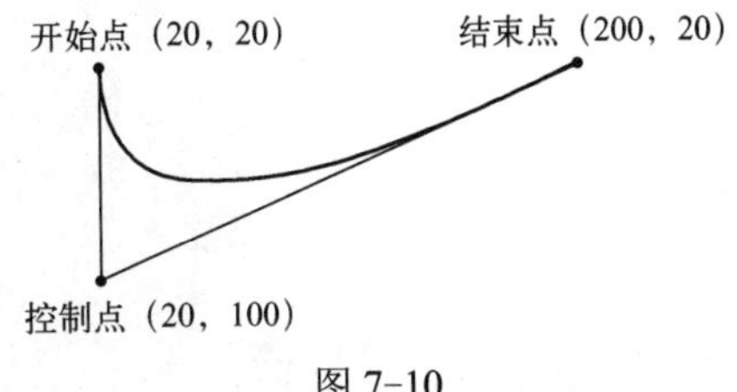

图 7-10

开始点：moveTo(20，20)

结束点：quadraticCurveTo(20，100，200，20);

JavaScript 语法：

```
context.quadraticCurveTo(cpx,cpy,x,y);
```

参数值如表 7-5 所示。

表 7-5

参　　数	描　　述
cpx	贝塞尔控制点的 x 坐标
cpy	贝塞尔控制点的 y 坐标
x	结束点的 x 坐标
y	结束点的 y 坐标

代码清单：绘制二次贝赛尔曲线。

```
<script>
window.onload=function(){
//1.获取 Canvas 元素
var can=document.getElementById("canv");
//2.获取绘图环境
var cobj=can.getContext("2d");
//3.绘制弧线
cobj.beginPath();//开始绘制路径
cobj.moveTo(30,200);// 创建开始点
cobj.quadraticCurveTo(120,100,200,200);
cobj.lineWidth = 2.0;//线的宽度
cobj.strokeStyle = "blue";//线的样式
cobj.stroke();//绘制空心的，当然如果使用 fill 那就是填充了。

}
</script>
```

效果如图 7-11 所示。

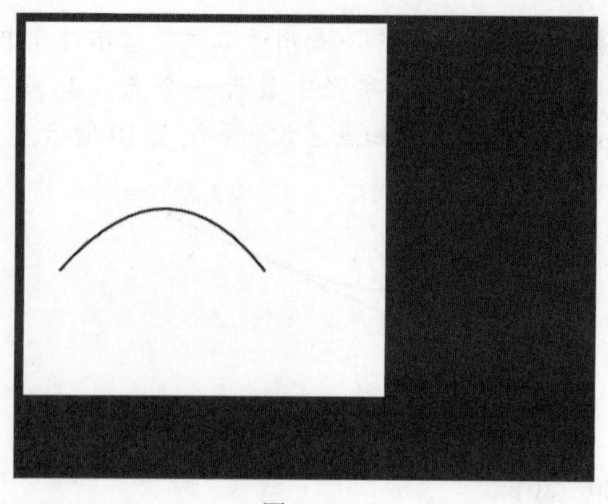

图 7-11

绘制三次贝塞尔曲线：

定义和用法：bezierCurveTo()方法使用表示三次贝塞尔曲线的指定控制点，向当前路径添加一个点。

提示

三次贝塞尔曲线需要三个点。前两个点是用于三次贝塞尔计算中的控制点，第三个点是曲线的结束点。曲线的开始点是当前路径中最后一个点。如果路径不存在，那么请使用 beginPath()和 moveTo() 方法来定义开始点，效果如图 7-12 所示。

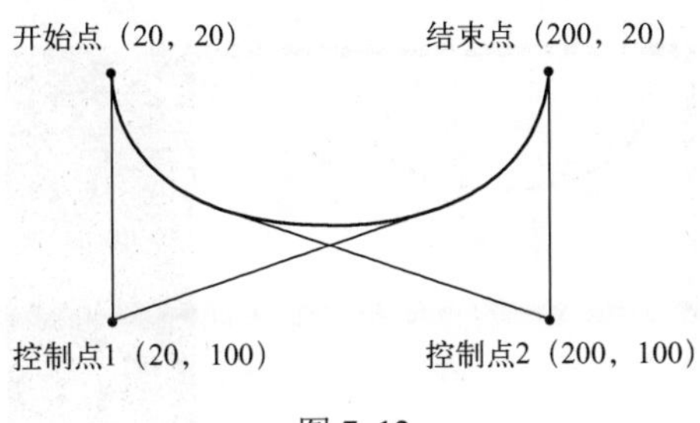

图 7-12

开始点：moveTo(20，20)

结束点：bezierCurveTo(20，100，200，100，200，20)

JavaScript 语法：

```
context.bezierCurveTo(cp1x,cp1y,cp2x,cp2y,x,y);
```

参数值如表 7-6 所示。

表 7-6

参　数	描　述
cp1x	第一个贝塞尔控制点的 x 坐标
cp1y	第一个贝塞尔控制点的 y 坐标
cp2x	第二个贝塞尔控制点的 x 坐标
cp2y	第二个贝塞尔控制点的 y 坐标
x	结束点的 x 坐标
y	结束点的 y 坐标

代码清单：绘制三次贝塞尔曲线。

```
<script>
window.onload=function(){
//1.获取 Canvas 元素
var can=document.getElementById("canv");
//2.获取绘图环境
var cobj=can.getContext("2d");
//3.绘制弧线
cobj.beginPath();//开始绘制路径
cobj.moveTo(20,20);// 创建开始点
```

```
cobj.bezierCurveTo(20,100,200,100,200,20);
cobj.lineWidth = 2.0;//线的宽度
cobj.strokeStyle = "blue";//线的样式
cobj.stroke();//绘制空心的，当然如果使用 fill 那就是填充了

}
</script>
```

效果如图 7-13 所示。

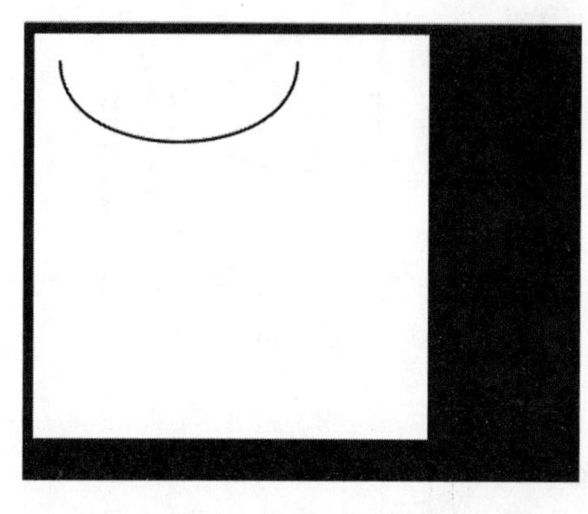

图 7-13

绘制渐变：

Context 对象可以通过 createLinearGradient()和 createRadialGradient()两个方法创建渐变对象，这两个方法的原型如下：

```
Object createLinearGradient(x1, y1, x2, y2);
```

创建一个从(x1，y1)点到(x2，y2)点的线性渐变对象的代码如下所示。

```
Object createRadialGradient(x1, y1, r1, x2, y2, r2);
```

创建一个从以(x1，y1)点为圆心、r1 为半径的圆到以(x2，y2)点为圆心、r2 为半径的圆的径向渐变对象的效果如图 7-14 所示。

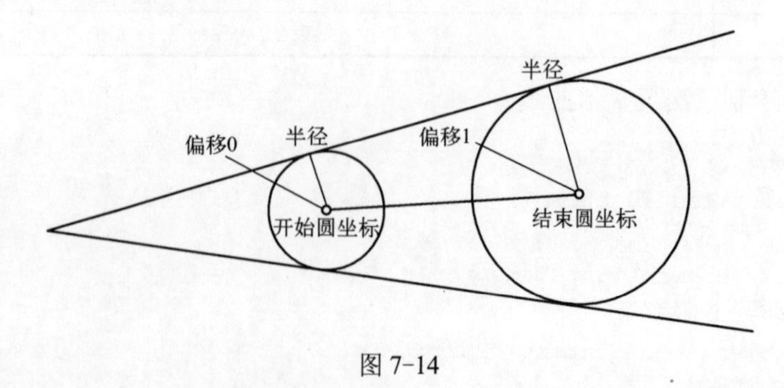

图 7-14

渐变对象创建完成之后必须使用它的 addColorStop()方法来添加颜色，该方法的原型如下：

```
void addColorStop(position, color);
```

其中 position 表示添加颜色的位置，取值范围为[0, 1]，0 表示起点，1 表示终点；color 表示添加的颜色，取值可以是任何 CSS 颜色值。

线性渐变：

代码清单：绘制线性渐变。

```
<script>
window.onload=function(){
//1.获取 Canvas 元素
var can=document.getElementById("canv");
//2.获取绘图环境
var cobj=can.getContext("2d");
//3.创建 线性渐变 参数为 开始坐标 x y 结束坐标 x y
var grad=cobj.createLinearGradient(20,20,220,220);
grad.addColorStop(0,"red");//设置线性渐变 开始颜色 red
grad.addColorStop(0.5,"green");//设置线性渐变 中间颜色 green
grad.addColorStop(1,"blue");//设置线性渐变 停止颜色 blue
cobj.fillStyle=grad;//设置填充样式 为渐变
cobj.fillRect(20,20,200,200);//绘制 填充矩形

}
</script>
```

效果如图 7-15 所示。

图 7-15

镜像渐变：

代码清单：绘制镜像渐变。

```
<script>
window.onload=function(){
//1.获取 Canvas 元素
var can=document.getElementById("canv");
```

```
//2.获取绘图环境
var cobj=can.getContext("2d");
//3.创建镜像渐变 参数为第一个圆坐标 x1 y1 半径 r1 第二个圆坐标 x2 y2 半径 r2
var grad=cobj.createRadialGradIEnt(120,120,40,140,140,90);
grad.addColorStop(0,"red");
grad.addColorStop(1,"green");
cobj.fillStyle=grad;//设置填充样式为渐变
cobj.fillRect(20,20,220,220);//绘制填充矩形

}
</script>
```

效果如图 7-16 所示。

图 7-16

阴影效果也是我们常用的表现方式，阴影有四个状态值控制，分别是 shadowBlur，shadowOffsetX，shadowOffsetY 和 shadowColor。其中 shadowBlur 为阴影的像素模糊值，shadowOffsetX 和 shadowOffsetY 为阴影在 x 轴和 y 轴上的偏移值，shadowColor 为阴影颜色值，其中默认的值是前三个值都为 0，最后一个值设置为透明黑色。只需修改其中的两个值就可以显现出来阴影效果。

阴影常用 API 如表 7-7 所示。

表 7-7

属　性	描　述
shadowColor	设置或返回用于阴影的颜色
shadowBlur	设置或返回用于阴影的模糊级别
shadowOffsetX	设置或返回阴影距形状的水平距离
shadowOffsetY	设置或返回阴影距形状的垂直距离

代码清单：绘制阴影。

```
<script>
window.onload=function(){
```

```
var can=document.getElementById("can");
can.width=300;
can.height=300;
var oc=can.getContext("2d");
oc.shadowOffsetX=5; //x 轴偏移
oc.shadowOffsetY=5; //y 轴偏移
oc.shadowBlur=10; //阴影的模糊级别
oc.shadowColor="#56524C"; //阴影颜色
oc.fillRect(50,50,100,100);
}
</script>
```

效果如图 7-17 所示。

图 7-17

7.2 擦除 Canvas 画板

生活中，我们在一个画板上面进行绘画时，如果遇到不满意的内容，我们就需要使用橡皮擦除不满意的部分。在 HTML5 中，如果需要擦除我们在 Canvas 画布上绘制的某一部分图像，我们就需要一个可以擦除 Canvas 元素上图像的“橡皮擦”。

Canvas 中的“橡皮擦”

clearRect()方法清空给定矩形内的指定像素，并且用一个透明的颜色填充它。这就是 HTML5 给我们提供了一个“橡皮擦”。

JavaScript 语法：

```
context.clearRect(x,y,width,height);
```

参数值如表 7-8 所示。

表 7-8

参　数	描　述
x	要清除的矩形左上角的 x 坐标
y	要清除的矩形左上角的 y 坐标
width	要清除的矩形的宽度，以像素计
height	要清除的矩形的高度，以像素计

代码清单：页面绘制一个填充好的蓝色矩形。

```
<script>
window.onload=function(){
//1.获取 Canvas 元素
var can=document.getElementById("canv");
//2.获取绘图环境
var cobj=can.getContext("2d");
//3.绘制弧线
cobj.beginPath();//开始绘制路径
cobj.fillStyle='blue';
cobj.fillRect(20,20,100,100);

}
</script>
```

清空整个画布。

```
cobj.clearRect(0,0,can.width,can.height);
```

效果如图 7-18 所示。

图 7-18

代码清单：通过使用 clearRect()方法清空给定矩形内的指定像素。

```
<script>
window.onload=function(){
//1.获取 Canvas 元素
```

```
        var can=document.getElementById("canv");
        //2.获取绘图环境
        var cobj=can.getContext("2d");
        //3.绘制弧线
        cobj.beginPath();//开始绘制路径
        cobj.fillStyle='blue';
        cobj.fillRect(20,20,100,100);
        cobj.clearRect(0,0,300,300); //清空整个画布大小矩形区域 当前画布宽 300px 高
300px
        }
        </script>
```

效果如图 7-19 所示。

图 7-19

7.3 绘制复杂图形

Canvas 路径是指纯以贝塞尔曲线为理论基础的区域绘制方式，绘制时产生的线条称为路径。路径由一个或多个直线段或曲线段组成，或者是经过精确计算画出的特殊图形，路径是 Canvas 实现绘图的基础。

1. 绘制复杂图形 API 介绍

在平时的使用中，Canvas 给我们提供的矩形绘制方法是无法满足我们的需求的，因此我们需要绘制复杂形状的方法。

Canvas 给我们提供了以下几个绘制复杂图片的 API：

beginPath()：开始一条路径，或重置当前的路径。

moveTo(x，y)：设置线段起点 坐标(x,y)

lineTo(x，y)：添加一个新点，然后创建从该点到画布中最后指定点的线段（该方法只设定位置并不会绘制线条）。

closePath()：创建从当前点到开始点的路径。

fill()、stroke()：填充形状或绘制空心形状。

2. API 使用步骤如下：

（1）开始绘制路径 beginPath()。

（2）使用 moveTo(x，y)、lineTo(x，y)绘制线段。

（3）闭合路径 closePath()。

（4）fill()填充形状或 stroke()绘制边框形状。

绘制三角形、矩形：

绘制三角形通常我们需要确定 3 个点，绘制矩形的话，Canvas 本身给我们提供了 strokeRect()，fillRect()方法。

代码清单：绘制三角形、矩形。

```
<script>
window.onload=function(){
var Canvas=document.querySelector('#can');
var cobj=Canvas.getContext('2d');
Canvas.width=400;
Canvas.height=400;
// 绘制三角形
cobj.beginPath();//开始绘制路径
cobj.moveTo(150,50);//设置路径起点 坐标(150,50)
cobj.lineTo(50,150);//绘制到坐标(50,150)的线段
cobj.lineTo(250,150);//绘制到坐标(250,150)的线段
cobj.closePath();//闭合绘制路径
cobj.lineWidth=2; //设置线条粗细 2px
cobj.strokeStyle="blue";//设置绘制边框颜色
cobj.stroke();//开始绘制

// 绘制填充三角形
cobj.beginPath();//开始绘制路径
cobj.moveTo(320,50);//设置路径起点 坐标(320,50)
cobj.lineTo(270,120);//绘制到坐标(270,120)的线段
cobj.lineTo(370,120);//绘制到坐标(370,120)的线段
cobj.closePath();//闭合绘制路径
cobj.fillStyle="#009494";//设置填充颜色
cobj.fill();//开始填充
// 绘制描边矩形
cobj.strokeStyle='#888';
cobj.strokeRect(50,200,100,100); //确定起始点 坐标(50,200) 矩形宽 100 高 100

// 绘制填充矩形
cobj.fillStyle='rgb(244,67,21)'
cobj.fillRect(180,200,100,100); //确定起始点 坐标(50,200) 矩形宽 100 高 100
}
</script>
```

效果如图 7-20 所示。

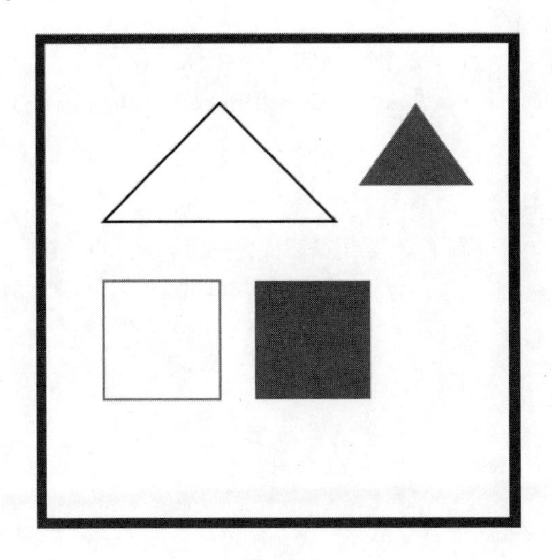

图 7-20

绘制五边形：

现在我们先绘制一个五边形，思路如图 7-21 所示。五边形就是在一个圆上确定 5 个点两两相连，当我们知道 2 个点时就可以通过勾股定理推算出圆的半径 r。

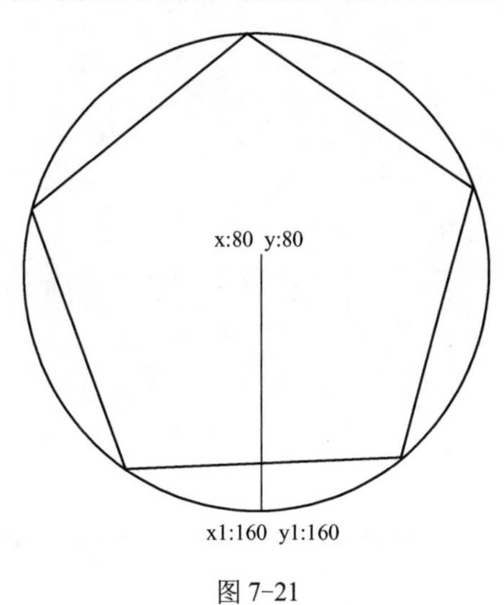

图 7-21

代码清单：绘制五边形。

```
<script>
window.onload=function(){
var Canvas=document.querySelector('#can');
var cobj=Canvas.getContext('2d');
Canvas.width=500;
Canvas.height=500;
//绘制多边形
```

```
        //勾股定理 得到半径 r
        //第一个点坐标(80,80)，第二个点坐标(160,160)
        var r=Math.sqrt((160-80)*(160-80)+(160-80)*(160-80));
        var b=5; //边数
        var a=360/b;
        cobj.beginPath();
        for(var i=0;i<b;i++){ //采用循环依次找到下一个点位置
        cobj.lineTo(160+Math.cos((a*i+45)*Math.PI/180)*r,160+Math.sin((a*i+45)
*Math.PI/180)*r);
        }
        cobj.closePath();
        cobj.strokeStyle="red";
        cobj.stroke();

        }
        </script>
```

效果如图 7-22 所示。

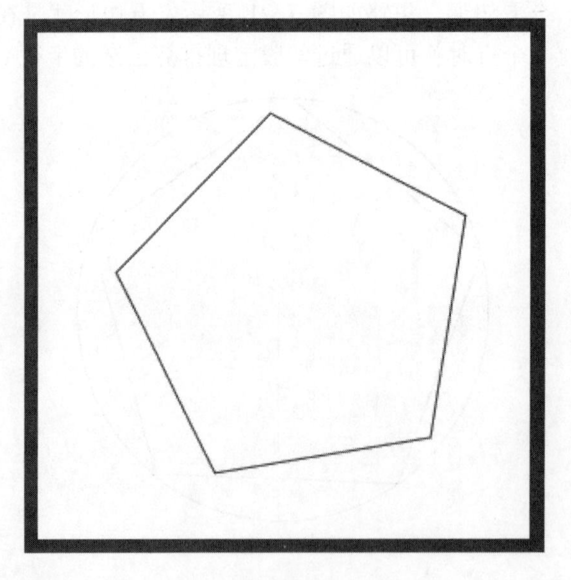

图 7-22

封装多边形绘制函数：

根据上一个案例，我们封装一个多边形绘制函数 Poly

Poly(x，y，x1，y1，n)

参数 1：第一个坐标点 x，y；

参数 2：第二个坐标点 x1，y1；

参数 3：边数 n。

```
        function Poly(x,y,x1,y1,n){
```

```
        //勾股定理 得到半径 r
        var r=Math.sqrt((x1-x)*(x1-x)+(y1-y)*(y1-y));

        //根据边数得到角度
        var a=360/n;

        cobj.beginPath();

        //采用依次找到下一个点
        for(var i=0;i<n;i++){
        cobj.lineTo(x+Math.cos((a*i+45)*Math.PI/180)*r,y+Math.sin((a*i+45)*Mat
h.PI/180)*r);
        }
        cobj.closePath();
        cobj.stroke(); //如果需要绘制填充将此处更换为 fill() 方法
        }
```

代码清单：通过封装函数绘制多边形。

```
        <script>
        window.onload=function(){
        var Canvas=document.querySelector('#can');
        var cobj=Canvas.getContext('2d');
        Canvas.width=350;
        Canvas.height=350;
        //绘制多边形
        Poly(200,200,160,230,5)
        Poly(90,90,140,140,6)
        Poly(90,240,140,240,10)

        //多边形绘制函数 Poly
        function Poly(x,y,x1,y1,n){
        var r=Math.sqrt((x1-x)*(x1-x)+(y1-y)*(y1-y));
        var a=360/n;
        cobj.beginPath();
        for(var i=0;i<n;i++){
        cobj.lineTo(x+Math.cos((a*i+45)*Math.PI/180)*r,y+Math.sin((a*i+45)*Mat
h.PI/180)*r);
        }
        cobj.closePath();
        cobj.stroke();
        }

        }
        </script>
```

效果：

效果如图 7-23 所示。

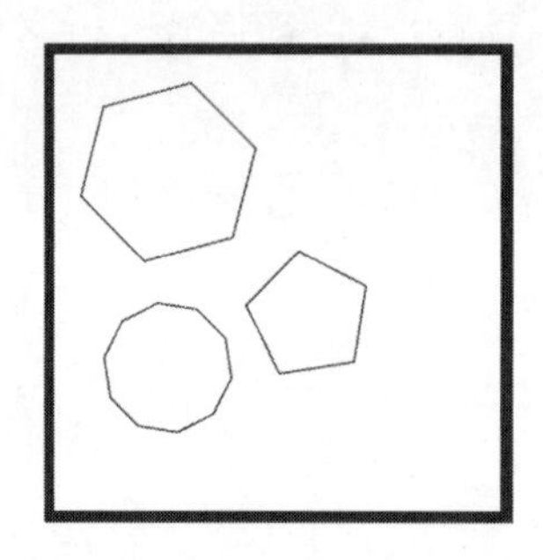

图 7-23

7.4 绘制文本

Canvas 给我们提供了绘制文字的方法。

绘制文字主要属性和方法：

font 属性用来设置或返回画布上文本内容的当前字体属性。该属性的用法与 CSSfont 属性使用方式相同，例如：

```
context.font="italic bold 14px/30px Arial,宋体";
```

font 属性的默认值如表 7-9 所示。

表 7-9

默认值:	10px sans-serif

textAlign 属性用来设置或返回文本内容的当前对齐方式。

通常，文本会从指定位置开始，不过，如果您设置为 textAlign="right"并将文本放置到位置 150，那么会在位置 150 结束。

textAlign 属性的默认值如表 7-10 所示。

表 7-10

默认值:	start

```
context.textAlign="start";属性值
```

表 7-11

值	描　述
start	默认。文本在指定的位置开始
end	文本在指定的位置结束
center	文本的中心被放置在指定的位置
left	文本左对齐
right	文本右对齐

图 7-24 演示了 textAlign 属性值对齐方式。

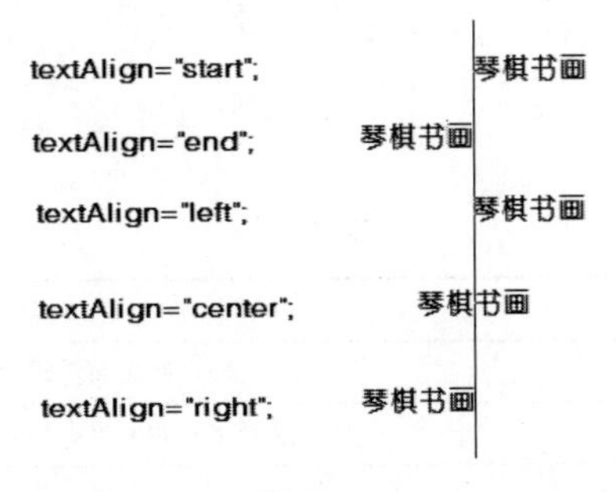

图 7-24

textBaseline 属性设置或返回在绘制文本时的当前文本基线。

属性值如表 7-12 所示。

表 7-12

值	描　述
alphabetic	默认。文本基线是普通的字母基线
top	文本基线是 em 方框的顶端
hanging	文本基线是悬挂基线
middle	文本基线是 em 方框的正中
ideographic	文本基线是表意基线
bottom	文本基线是 em 方框的底端

图 7-25 演示了 textBaseline 属性支持的各种基线。

top
hanging
middle
hello world　中国人
alphabetic
bottom
ideographic

图 7-25

fillText()方法在画布上绘制填色的文本。文本的默认颜色是黑色。

Javascript 语法：

```
context.fillText(text,x,y,maxWidth);
```

参数值如表 7-13 所示。

表 7-13

参　数	描　述
text	规定在画布上输出的文本
x	开始绘制文本的 x 坐标位置（相对于画布）
y	开始绘制文本的 y 坐标位置（相对于画布）
maxWidth	可选。允许的最大文本宽度，以像素计

strokeText()方法在画布上绘制文本（没有填充）。文本的默认颜色是黑色。

JavaScript 语法：

```
context.strokeText(text,x,y,maxWidth);
```

参数值如表 7-14 所示。

表 7-14

参　数	描　述
text	规定在画布上输出的文本
x	开始绘制文本的 x 坐标位置（相对于画布）
y	开始绘制文本的 y 坐标位置（相对于画布）
maxWidth	可选。允许的最大文本宽度，以像素计

代码清单：绘制文本

```
<script>
window.onload=function(){
var can=document.getElementById("can");
can.width=500;
can.height=300;
var oc=can.getContext("2d");

cobj.beginPath()
cobj.font="36px 微软雅黑";
cobj.shadowOffsetX=2;
cobj.shadowOffsetY=2;
cobj.shadowBlur=5;
cobj.shadowColor="#56524C"
cobj.closePath()
cobj.strokeText("日光照到的一切地方都有阴影",20,200);
cobj.fillText("每个人都是一座孤岛",20,100);
}
</script>
```

效果如图 7-26 所示。

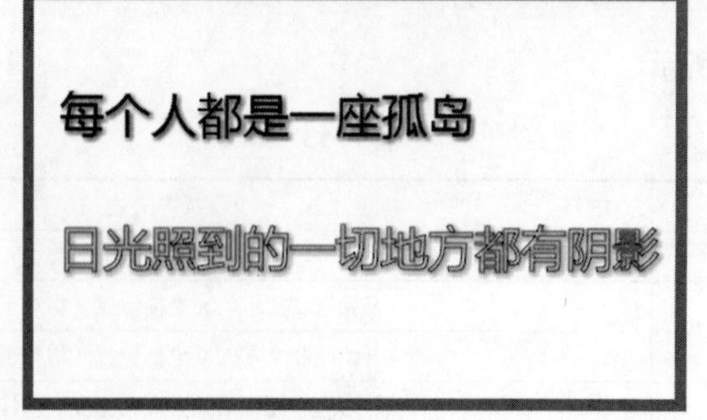

图 7-26

7.5 图片操作

Canvas 允许将图像文件插入画布，做法是读取图片后，使用 drawImage 方法在画布内进行重绘。

7.5.1 绘制图片方法

定义和用法

drawImage()方法在画布上绘制图像、画布或视频。

drawImage()方法也能够绘制图像的某些部分，以及增加或减少图像的尺寸。

（1）语法 1

定位图像：

```
context.drawImage(img,x,y);
```

（2）语法 2

定位图像，并规定图像的宽度和高度：

```
context.drawImage(img,x,y,width,height);
```

（3）语法 3

剪切图像，并在 Canvas 定位被剪切的部分：

```
context.drawImage(img,sx,sy,swidth,sheight,x,y,width,height);
```

参数值如表 7-15 所示。

表 7-15

参　数	描　述
img	规定要使用的图像、画布或视频
sx	可选。开始剪切的 x 坐标位置
sy	可选。开始剪切的 y 坐标位置
swidth	可选。被剪切图像的宽度
sheight	可选。被剪切图像的高度
x	在画布上放置图像的 x 坐标位置
y	在画布上放置图像的 y 坐标位置
width	可选。要使用的图像的宽度（伸展或缩小图像）
height	可选。要使用的图像的高度（伸展或缩小图像）

7.5.2 在画布中绘制一张图片

代码清单：在画布上绘制一张图片。

```
<script>
window.onload=function(){
//1.获取Canvas元素
var can=document.getElementById("canv");
//2.获取绘图环境
var cobj=can.getContext("2d");
//3.绘制图片
var Img=new Image();
Img.onload=function(){//等待图片加载完成 再进行绘制
cobj.drawImage(Img,0,0);
}
Img.src="1.jpg";
}
</script>
```

效果如图 7-27 所示。

图 7-27

7.6 像素操作

本节主要介绍 Canvas 在图像像素数据操作方面的常用 API，如表 7-16 所示。

表 7-16

方　法	描　述
createImageData()	创建新的、空白的 ImageData 对象
getImageData()	返回 ImageData 对象，该对象为画布上指定的矩形复制像素数据
putImageData()	把图像数据（从指定的 ImageData 对象）放回画布上

createImageData() 方法，有两个版本的 createImageData() 方法：

（1）以指定的尺寸（以像素计）创建新的 ImageData 对象：

```
var imgData=context.createImageData(width,height);
```

（2）创建与指定的另一个 ImageData 对象尺寸相同的新 ImageData 对象（不会复制图像数据）：

```
var imgData=context.createImageData(imageData);
```

参数值如表 7-17 所示。

表 7-17

参　数	描　述
width	ImageData 对象的宽度，以像素计
height	ImageData 对象的高度，以像素计
imageData	另一个 ImageData 对象

getImageData()方法：

getImageData()方法返回 ImageData 对象，该对象拷贝了画布指定矩形的像素数据。

返回对象身上有 data、width、height 属性，参考如图 7-28 所示：

data 属性：保存每个像素的 rgba 值；

对于 ImageData 对象中的每个像素，都存在着四个信息，即 RGBA 值：

R - 红色 (0-255)

G - 绿色 (0-255)

B - 蓝色 (0-255)

A - alpha 通道 (0-255；0 是透明的，255 是完全可见的)

例如这个 data 数组：

```
[10,195,230,255,10,195,230,255,10......]
```

数组中下标 0～3 代表第一个像素，信息依次为 rgba(10，195，230，255)，第二个像素为下标 4～7，后面像素依次类推。

height 属性：保存对象高度；

width 属性：保存对象宽度。

效果如图 7-28 所示。

```
▼ImageData
 ▼data: Uint8ClampedArray[90000]
   ▶[0 … 9999]
   ▶[10000 … 19999]
   ▶[20000 … 29999]
   ▶[30000 … 39999]
   ▶[40000 … 49999]
   ▶[50000 … 59999]
   ▶[60000 … 69999]
   ▶[70000 … 79999]
   ▶[80000 … 89999]
   ▶__proto__: Uint8ClampedArray
  height: 150
  width: 150
 ▶__proto__: ImageData
```

图 7-28

Javascript 语法：

```
var imgData=context.getImageData(x,y,width,height);
```

参数值如表 7-18 所示。

表 7-18

参　数	描　述
x	开始复制的左上角位置的 x 坐标
y	开始复制的左上角位置的 y 坐标
width	将要复制的矩形区域的宽度
height	将要复制的矩形区域的高度

putImageData() 方法：

putImageData() 方法将图像数据（从指定的 ImageData 对象）放回画布上。

JavaScript 语法：

```
context.putImageData(imgData,x,y,dirtyX,dirtyY,dirtyWidth,dirtyHeight);
```

参数值如表 7-19 所示。

表 7-19

参　数	描　述
imgData	规定要放回画布的 ImageData 对象
x	ImageData 对象左上角的 x 坐标，以像素计
y	ImageData 对象左上角的 y 坐标，以像素计
dirtyX	可选。水平值（x），以像素计，在画布上放置图像的位置
dirtyY	可选。水平值（y），以像素计，在画布上放置图像的位置
dirtyWidth	可选。在画布上绘制图像所使用的宽度
dirtyHeight	可选。在画布上绘制图像所使用的高度

代码清单：像素操作。

```
<script>
```

```
        window.onload=function(){
        var can=document.getElementById("can");
        var cobj=can.getContext("2d");
        cobj.beginPath();
        cobj.fillStyle="red";
        cobj.rect(50,50,150,150);
        cobj.fill();
        var aa=oc.getImageData(50,50,150,150); //获取画布 50,50 位置宽 150 高 150
图片内容 返回结果为一个对象
        //对象保存像素总数量 = 对象的宽度*对象的高度
        for(var i=0;i<aa.width*aa.height;i++){
        aa.data[4*i]=10;
        aa.data[4*i+1]=195;
        aa.data[4*i+2]=230;
        aa.data[4*i+3]=255;
        }
        cobj.putImageData(aa,200,200)
        }
        </script>
```

效果如图 7-29 所示。

图 7-29

7.7 矩阵变换与坐标关系

所谓的矩阵转换是线性代数中的一个概念。在线性代数中，线性变换能够用矩阵表示。而在图形图像学中，矩阵转换一般是用来表示图形的变换，如平移、旋转、缩放和斜切。而这些变化全部都是基于矩阵变换计算而出的。但是矩阵运算比较复杂，Canvas 已经把相应的变换封装成函数，我们可以直接使用从而简化了我们的工作。Canvas 里面的变换包括平移、旋转、缩放如表 7-20～表 7-25 所示。

转换

表 7-20

方　法	描　述
scale()	缩放当前绘图至更大或更小
rotate()	旋转当前绘图
translate()	重新映射画布上的 (0，0) 位置
transform()	替换绘图的当前转换矩阵
setTransform()	将当前转换重置为单位矩阵，然后运行 transform()

缩放

定义和用法：

scale()方法缩放当前绘图，更大或更小。

JavaScript 语法如下：

```
context.scale(scalewidth,scaleheight);
```

表 7-21

参　数	描　述
scalewidth	缩放当前绘图的宽度 (1=100%，0.5=50%，2=200%，依次类推)
scaleheight	缩放当前绘图的高度 (1=100%，0.5=50%，2=200%，依次类推)

旋转

定义和用法：

rotate()方法旋转当前的绘图。

JavaScript 语法如下：

```
context.rotate(angle);
```

表 7-22

参　数	描　述
angle	旋转角度，以弧度计 如需将角度转换为弧度，请使用 degrees*Math.PI/180 公式进行计算 举例：如需旋转 5 度，可规定下面的公式：5*Math.PI/180

平移

定义和用法

translate()方法重新移动绘图 x 轴或 y 轴位置。

JavaScript 语法如下：

```
context.translate(x,y);
```

表 7-23

参　数	描　述
x	添加到水平坐标（x）上的值
y	添加到垂直坐标（y）上的值

矩阵转换

定义和用法：

画布上的每个对象都拥有一个当前的变换矩阵。

transform()方法替换当前的变换矩阵。它以下面描述的矩阵来操作当前的变换矩阵：

```
a c eb d f0 0 1
```

transform()允许缩放、旋转、移动并倾斜当前的环境。

JavaScript 语法如下：

```
context.transform(a,b,c,d,e,f);
```

表 7-24

参　数	描　述
a	水平缩放绘图
b	水平倾斜绘图
c	垂直倾斜绘图
d	垂直缩放绘图
e	水平移动绘图
f	垂直移动绘图

定义和用法：

画布上的每个对象都拥有一个当前的变换矩阵。

setTransform()方法把当前的变换矩阵重置为单位矩阵，然后以相同的参数运行 transform()。

绘制一个矩形，通过 setTransform() 重置并创建新的变换矩阵，再次绘制矩形，重置并创建新的变换矩阵，然后再次绘制矩形。

JavaScript 语法如下：

```
context.setTransform(a,b,c,d,e,f);
```

表 7-25

参　数	描　述
a	水平旋转绘图
b	水平倾斜绘图
c	垂直倾斜绘图
d	垂直缩放绘图
e	水平移动绘图
f	垂直移动绘图

7.8　绘图板实战

要查看本文展示的示例需要一个浏览器并能访问 Internet。所有示例都在一个真实网站上提供（参见参考资料画板示例）。

本小节主要是完成一个绘图板，所用知识主要是前几小节的知识点，利用 Canvas API 提供的属性、方法来制作一个绘图板。

功能介绍：

（1）文件选项：新建画布、返回（撤销）、保存（保存为图片）、绘制完成后保存下载到电脑。

（2）画图：线、矩形、圆。

（3）方式：填充、画线。

（4）粗细：选择线条粗细。

（5）颜色：边框颜色、填充颜色。

（6）橡皮擦。

代码清单：画板。

HTML：

```
<!doctype html>
<html lang="zh">
<head>
<meta charset="UTF-8">
<title>画板</title>
<script src="js/jquery-1.11.3.min.js"></script>
<!--[if lt IE 9]>
<script src="js/exCanvas.js"></script>
<![endif]-->
<script src="js/Canvas.js"></script>
<link rel="stylesheet" href="CSS/Canvas.CSS">
</head>
<body>
<div class="map">
<div class="menu">
```

```
<ul class="file float">
<li>文件</li>
<ul class="son">
<li>新建</li>
<li>返回</li>
<li>保存</li>
</ul>
</ul>
<ul class="draw float">
<li>画图 [<span id="typ">线</span>]</li>
<ul class="son">
<li data-role="line">线</li>
<li data-role="rect">矩形</li>
<li data-role="arc">圆</li>
</ul>
</ul>

<ul class="width float">
<li>粗细 [<span id="linew">1</span>px]</li>
<div class="son">
<input type="range" name="points" min="1" max="10" value="1" />
</div>
</ul>

<ul class="color float">
<li>颜色 [<span id="ctyp">边框</span>]</li>
<ul class="son">
<li>边框<input type="color" data-role="stroke"/>
</li>
<li>背景<input type="color" data-role="fill"/></li>
</ul>
</ul>
<ul class="style float">
<li>方式 [<span id="styp">画线</span>]</li>
<ul class="son">
<li data-role="fill">填充</li>
<li data-role="stroke">画线</li>
</ul>
</ul>
<ul class="erase float">
<li data-role="clearRect">橡皮擦</li>
</ul>
</div>
<canvas width="950" height="550">
请升级您的浏览器来支持 Canvas!
</canvas>
```

```
</div>
</body>
</html>


Javascript:
/*
构造函数 shape(cobj, options)
参数 cobj 为 2d 绘制环境
参数 options 填充色 边框色 线条粗细 绘制样式 绘制方式
*/
function shape(cobj, options) {
this.cobj = cobj;
this.options = options || {};//没有传递 options 参数 默认为空对象
if (this.options) {//给参数默认值
this.fcolor = this.options.fcolor || "#000";
this.scolor = this.options.scolor || "#000";
this.lw = this.options.lw || 1;
this.aa = this.options.aa || "stroke";
}
}
shape.prototype = {
//绘制线条
line: function (x, y, x1, y1) {
this.x = x || this.x;
this.y = y || this.y;
this.x1 = x1 || this.x1;
this.y1 = y1 || this.y1;
this.aa=(this.aa=='stroke')?this.aa:'stroke';
this.cobj.fillStyle = this.fcolor;
this.cobj.strokeStyle = this.scolor;
this.cobj.lineWidth = this.lw;
this.cobj.beginPath();
this.cobj.moveTo(this.x, this.y);
this.cobj.lineTo(this.x1, this.y1);
this.cobj[this.aa]();
this.cobj.closePath();
this.style = "line";
},
//绘制矩形
rect: function (x, y, x1, y1) {
this.x = x || this.x;
this.y = y || this.y;
this.y1 = y1 || this.y1;
this.x1 = x1 || this.x1;
this.aa=(this.aa=='stroke'||this.aa=='fill')?this.aa:'stroke';
```

```
        this.cobj.fillStyle = this.fcolor;
        this.cobj.strokeStyle = this.scolor;
        this.cobj.lineWidth = this.lw;
        this.cobj.beginPath();
        this.cobj.rect(this.x+0.5, this.y+0.5, this.x1 - this.x, this.y1 -
this.y);
        this.cobj[this.aa]();
        this.cobj.closePath();
        this.style = "rect";
        },
        //绘制圆形
        arc: function (x, y, x1, y1, a1, a2) {
        this.x = x || this.x;
        this.x1 = x1 || this.x1;
        this.y = y || this.y;
        this.y1 = y1 || this.y1;
        this.a1 = a1 || 0;
        this.aa=(this.aa=='stroke'||this.aa=='fill')?this.aa:'stroke';
        this.a2 = a2 || 360 * Math.PI / 180;
        var radius = Math.sqrt((this.x1 - this.x) * (this.x1 - this.x) +
(this.y1 - this.y) * (this.y1 - this.y));
        this.cobj.fillStyle = this.fcolor;
        this.cobj.strokeStyle = this.scolor;
        this.cobj.lineWidth = this.lw;
        this.cobj.beginPath();
        this.cobj.arc(this.x, this.y, radius, this.a1, this.a2);
        this.cobj[this.aa]();
        this.cobj.closePath();
        this.style = "arc";
        },
        clearRect:function(x1,y1){
        this.sw = 20;
        this.x1 = x1 || this.x1;
        this.sh = 20;
        this.y1 = y1 || this.y1;
        this.cobj[this.aa](this.x1,this.y1,this.sw,this.sh);
        this.style = "clearRect";
        }
        }


        function draw(Canvas, cobj, type, options) {
        var type = type || "line";
        Canvas.onmousedown = function (ev) {
        var lx = ev.layerX;
        var ly = ev.layerY;
```

```
var flag=false;
var shapes = new shape(cobj, options);
document.title=lx;
Canvas.onmousemove = function (ev) {
var cx = ev.layerX||0;
var cy = ev.layerY||0;
if(type=="clearRect"){
flag=true;
shapes = new shape(cobj, options);
shapes[type](cx,cy);
flag&&arr.push(shapes);
}else{
document.title=2;
cobj.clearRect(0, 0, Canvas.width, Canvas.height);
flag=true;
for (var i = 0; i < arr.length; i++) {
arr[i][arr[i].style]();
}
shapes[type](lx, ly,cx, cy);
}
}
document.onmouseup = function () {
Canvas.onmousemove = null;
flag&&arr.push(shapes);
document.onmouseup = null;
}
}
}


var arr = [];
$(function(){
var Canvas = document.getElementsByTagName("Canvas")[0];
var cobj = Canvas.getContext("2d");
var options={};
$('.erase li').click(function(){
options.aa=$(this).attr("data-role");
draw(Canvas,cobj,$(this).attr("data-role"),options);
})
$(".float").hover(function(){
var index=$(".float").index(this);
$(".son").CSS("display","none");
$(".son").eq(index).CSS("display","block");
$(this).CSS("background","#008686");
},function(){
$(this).CSS("background","");
```

```
})

$(".menu").hover(function(){},function(){
$(".son").CSS("display","none");
})

//画图
$(".draw .son li").click(function(){
draw(Canvas,cobj,$(this).attr("data-role"),options);
$("#typ").HTML($(this).text());
})

//线条粗细
$(".width .son input").click(function(){
$("#linew").HTML($(this).val());
options.lw=$(this).val();
})

//颜色
$(".color .son li input").change(function(){

if($(this).attr("data-role")=="stroke"){
options.scolor=$(this).val();
}else{
options.fcolor=$(this).val();
}
$("#ctyp").HTML($(this).parent().text());
})

//绘制的方式
$(".style .son li").click(function(){
options.aa=$(this).attr("data-role");
$("#styp").HTML($(this).text());
})

//新建
$(".file .son li").click(function(){
var index=$(".file .son li").index(this);
if(index==0){
cobj.clearRect(0,0,Canvas.width,Canvas.height);
arr=[];
}else if(index==1){
cobj.clearRect(0,0,Canvas.width,Canvas.height);
arr.pop();
for (var i = 0; i < arr.length; i++) {
arr[i][arr[i].style]();
```

```
        }
        }else if(index==2){
        var data=Canvas.toDataURL("image/png");
        location.href=data.replace("image/png","image/octet-stream");
        }
        })
        })
```

效果如图 7-30 所示。

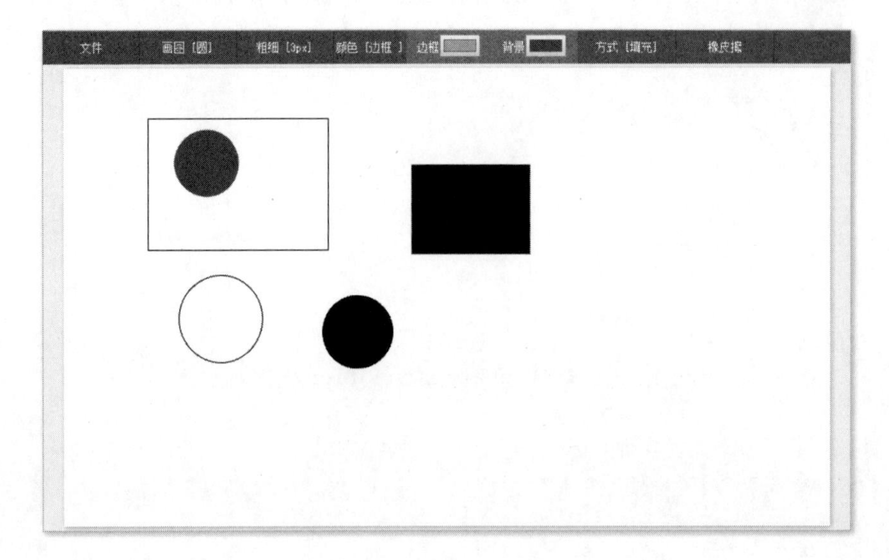

图 7-30

第 8 章

多媒体——自定义炫酷播放器

本章重点知识

- 8.1 HTML5 对多媒体的支持
- 8.2 音频和视频标签
- 8.3 音频和视频 API
- 8.4 播放器实战

8.1 HTML5 对多媒体的支持

在 Web 中不仅有文本、图片文件，还有视频、音频等多媒体文件。在 HTML5 发布之前，播放音频、视频需要借助诸如 Flash Player 等第三方插件来解决这个问题。现在使用 HTML5 在网页中添加视频、音频如同引用图片一样的简单、方便。

本节主要向读者介绍 Video 元素及 Audio 元素，以及它们所支持的不同的视频、音频类型。

8.1.1 Video 支持视频格式

1. 视频编码和解码

所谓视频编码方式是指通过特定的压缩技术，将某个视频格式文件转换成另一种视频格式文件的方式。

视频解码是指用特定方法把已经编码的视频还原成它原有的格式，进行播放。

2. 编码说明

Theora 视频编码是开放而且免费的视频压缩编码技术，由 Xiph 基金会发布。做为该基金会 Ogg 项目的一部分，从 VP3 HD 高清到 MPEG-4/DivX 格式都能够被 Theora 很好地支持。使用 Theora 无需任何专利许可费。Firefox 和 Opera 将通过新的 HTML5 元素提供对 Ogg/Theora 视频的原生支持。

H.264 视频编码是在 MPEG-4 技术的基础之上建立起来的，H.264 与以前的国际标准如 H.263 和 MPEG-4 相比，为达到高效的压缩，充分利用了各种冗余，统计冗余和视觉生理冗余。蓝光技术（Blu-ray）就采用这种格式。

当前，Video 元素支持三种视频格式如表 8-1 所示。主流浏览器对这三种格式的支持情况如图 8-1 所示。

表 8-1

	说　明
Ogg	带有 Theora 视频编码和 Vorbis 音频编码的 Ogg 文件
MPEG4	带有 H.264 视频编码和 AAC 音频编码的 MPEG 4 文件
WebM	带有 VP8 视频编码和 Vorbis 音频编码的 WebM 文件

浏览器	MP4	WebM	Ogg
Internet Explorer 9+	YES	NO	NO
Chrome 6+	YES	YES	YES
Firefox 4+	NO	YES	YES
Safari 4+	YES	NO	NO
Opera 11.5+	NO	YES	YES

图 8-1

8.1.2 Audio 支持音频格式

当前，Audio 元素支持三种音频格式：MP3，Wav，和 Ogg 如图 8-2 所示。

浏览器	MP3	Wav	Ogg
Internet Explorer 9+	YES	NO	NO
Chrome 8+	YES	YES	YES
Firefox 4+	YES	YES	YES
Safari 4+	YES	YES	NO
Opera 15+	YES	YES	YES

图 8-2

8.1.3 Audio/Video 浏览器支持情况

Audio 元素浏览器支持情况如图 8-3 所示。

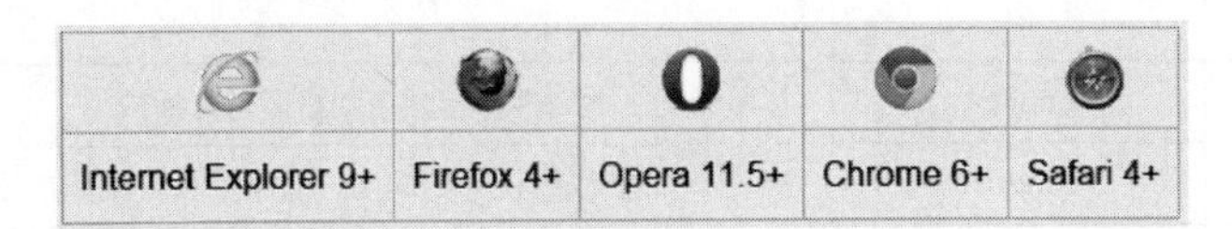

图 8-3

Video 元素浏览器支持情况如图 8-4 所示。

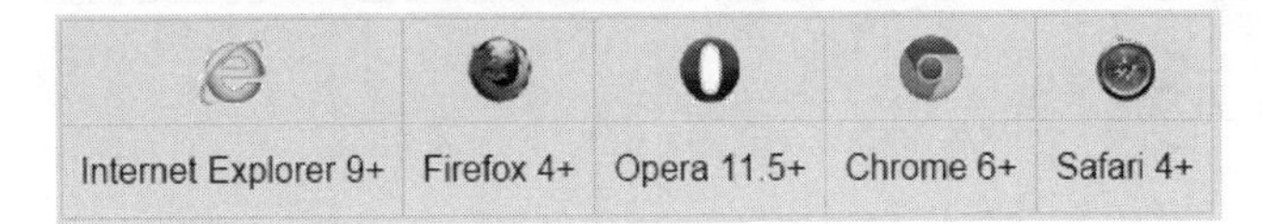

图 8-4

8.2 音频和视频标签

HTML5 让我们可以如同引入图片一样简单地使用音频、视频。

8.2.1 Audio 元素

HTML5 规定了一种通过 Audio 元素来包含音频的标准方法。Audio 元素能够播放声音文件或者音频流。

页面添加音频的代码如下：

```
<audio src="audio.mp3" controls="controls"></audio>
```

ⓘ 提示

可以在开始标签和结束标签之间放置文本内容，这样旧的浏览器就可以显示出不支持该标签的信息。

浏览器全支持

在上节中，我们说过浏览器对于音频格式的支持情况，要让所有浏览器都可以播放音频文件，我们需要给 audio 引用至少 2 个指定格式的音频文件。我们可以通过 <source>链接不同的音频文件，这样我们可以做到只要它支持<audio>标签，浏览器将使用第一个可识别的格式。

```
<audio controls>
<source src="audio.ogg" type="audio/ogg">
<source src="audio.mp3" type="audio/mpeg">
您的浏览器不支持 audio，请升级浏览器。
</audio>
```

<audio> 标签的属性如表 8-2 所示。

表 8-2

属　　性	值	描　　述
autoplay	autoplay	标签添加上此属性，音频在就绪后马上播放
controls	controls	标签添加上此属性，　则向用户显示控件，比如播放按钮
loop	loop	标签添加上此属性，　则每当音频结束时重新开始播放
preload	preload	标签添加上此属性，　则音频在页面加载时进行加载，并预备播放 如果使用 "autoplay"，则忽略该属性
src	url	添加要播放的音频的 URL

8.2.2 Video 元素

HTML5 规定了一种通过 Video 元素来包含视频的标准方法。

页面添加视频：

```
<video src="move.mp4" controls="controls">
您的浏览器不支持 video，请升级浏览器。</video>
```

ⓘ 提示

可以在开始标签和结束标签之间放置文本内容，这样旧的浏览器就可以显示出不支持该标签的信息。

在上节中，我们说过浏览器对于视频格式的支持情况，要让所有浏览器都可以播放视频文件，我们需要给 Video 引用至少 2 个指定格式的视频文件。我们可以通过 <source>链接不同的视频文件，这样我们可以做到只要它支持<video>标签，浏览器将使用第一个可识别的格式。

```
<video controls="controls">
<scurce src='move.ogg'></scurce>
<scurce src='move.mp4'></scurce>
您的浏览器不支持 video，请升级浏览器。</video>
```

<video> 标签的属性如表 8-3 所示。

表 8-3

属　性	值	描　述
autoplay	autoplay	标签添加上此属性，则视频在就绪后马上播放
controls	controls	标签添加上此属性，则向用户显示控件，比如播放按钮，声音等
src	url	要播放的视频的 URL
loop	loop	标签添加上此属性，则当媒介文件完成播放后再次开始播放
preload	preload	标签添加上此属性，则视频在页面加载时进行加载，并预备播放。如果使用 "autoplay"，则忽略该属性
height	pixels	设置视频播放器的高度
width	pixels	设置视频播放器的宽度

8.3 音频和视频 API

8.3.1 HTML5 Video 在各大浏览器呈现

作为开发人员，我们使用视频播放器时一定希望它的外观在各个浏览器中看起来一致，但是在下图中可以看到目前各个浏览器提供的视频控制工具条外观是各不相同的，如图 8-5、图 8-6 和图 8-7 所示：

IE 浏览器：

图 8-5

火狐浏览器（Firefox）：

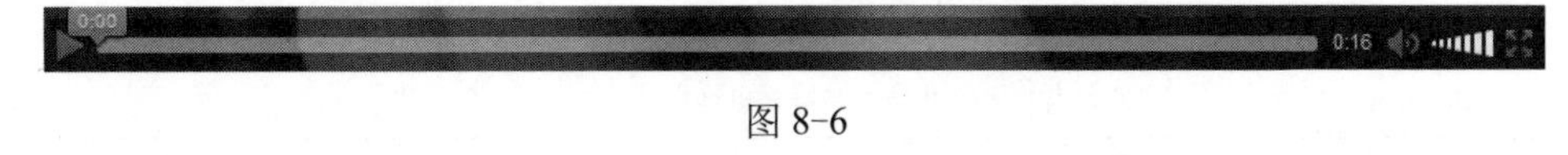

图 8-6

谷歌浏览器（Chrome）：

图 8-7

我们需要给用户提供更好的用户体验，所以希望它的外观在各个浏览器中看起来一致。在后面的小节中，我们将告诉大家如何让 Video 控制工具在各大浏览器保持一致。

8.3.2 音频和视频 API 介绍

下面，我们需要从头来创建这个控制工具条，利用HTML和CSS再加上一些图片实现起来并不难，另外通过HTML5多媒体元素提供的API可以很方便地将创建的任何按钮与播放/暂停等事件进行绑定。

HTML5 DOM 为<audio>和<video>元素提供了方法、属性和事件。

这些方法、属性和事件允许您使用Javascript来操作<audio>和<video>元素。

HTML5 Audio/Video 方法如表 8-4 所示。

表 8-4

方　法	描　述
addTextTrack()	向音频/视频添加新的文本轨道
canPlayType()	检测浏览器是否能播放指定的音频/视频类型
load()	重新加载音频/视频元素
play()	开始播放音频/视频
pause()	暂停当前播放的音频/视频

HTML5 Audio/Video 属性如表 8-5 所示。

表 8-5

属　性	描　述
audioTracks	返回表示可用音轨的 AudioTrackList 对象
autoplay	设置或返回是否在加载完成后随即播放音频/视频
buffered	返回表示音频/视频已缓冲部分的 TimeRanges 对象
controller	返回表示音频/视频当前媒体控制器的 MediaController 对象
controls	设置或返回音频/视频是否显示控件（比如播放/暂停等）
crossOrigin	设置或返回音频/视频的 CORS 设置
currentSrc	返回当前音频/视频的 URL
currentTime	设置或返回音频/视频中的当前播放位置（以秒计）
defaultMuted	设置或返回音频/视频默认是否静音
defaultPlaybackRate	设置或返回音频/视频的默认播放速度
duration	返回当前音频/视频的长度（以秒计）
ended	返回音频/视频的播放是否已结束
error	返回表示音频/视频错误状态的 MediaError 对象
loop	设置或返回音频/视频是否应在结束时重新播放
mediaGroup	设置或返回音频/视频所属的组合（用于连接多个音频/视频元素）
muted	设置或返回音频/视频是否静音
networkState	返回音频/视频的当前网络状态

（续）

属　性	描　述
paused	设置或返回音频/视频是否暂停
playbackRate	设置或返回音频/视频播放的速度
played	返回表示音频/视频已播放部分的 TimeRanges 对象
preload	设置或返回音频/视频是否应该在页面加载后进行加载
readyState	返回音频/视频当前的就绪状态
seekable	返回表示音频/视频可寻址部分的 TimeRanges 对象
seeking	返回用户是否正在音频/视频中进行查找
src	设置或返回音频/视频元素的当前来源
startDate	返回表示当前时间偏移的 Date 对象
textTracks	返回表示可用文本轨道的 TextTrackList 对象
videoTracks	返回表示可用视频轨道的 VideoTrackList 对象
volume	设置或返回音频/视频的音量

HTML5 Audio/Video 事件如表 8-6 所示。

表 8-6

事　件	描　述
abort	当音频/视频的加载已放弃时
canplay	当浏览器可以播放音频/视频时
canplaythrough	当浏览器可在不因缓冲而停顿的情况下进行播放时
durationchange	当音频/视频的时长已更改时
emptIEd	当目前的播放列表为空时
ended	当目前的播放列表已结束时
error	当在音频/视频加载期间发生错误时
loadeddata	当浏览器已加载音频/视频的当前帧时
loadedmetadata	当浏览器已加载音频/视频的元数据时
loadstart	当浏览器开始查找音频/视频时
pause	当音频/视频已暂停时
play	当音频/视频已开始或不再暂停时
playing	当音频/视频在已因缓冲而暂停或停止后已就绪时
progress	当浏览器正在下载音频/视频时
ratechange	当音频/视频的播放速度已更改时
seeked	当用户已移动/跳跃到音频/视频中的新位置时
seeking	当用户开始移动/跳跃到音频/视频中的新位置时

（续）

属　性	描　述
stalled	当浏览器尝试获取媒体数据，但数据不可用时
suspend	当浏览器刻意不获取媒体数据时
timeupdate	当目前的播放位置已更改时
volumechange	当音量已更改时
waiting	当视频由于需要缓冲下一帧而停止

8.4 播放器实战

由于各大浏览器在对HTML5的支持上会有少许的差异，因此为了有更好的兼容性，需要进行定制开发，这样才能兼顾各类的浏览器。

结合本章前三节的知识，下面我们利用HTML5多媒体给我们提供的API可以实现自定义视频播放器效果。代码清单如下。

HTML5：

```
<!DOCTYPE html>
<html lang="en">
<head>
<meta charset="UTF-8">
<title>Video</title>
<link rel="stylesheet" href="CSS/video.CSS">
<script src="js/fullscreen.js"></script>
<script src="js/video.js"></script>
</head>
<body>
<div class="videos">
<video src="trailer.mp4">您的浏览器不支持Video，请升级您的浏览器。</video>
<!-- Video控制 控件 开始-->
<div class="control">
<div class="play iconfont"> </div>
<div class="progress">
<div class="load-progress"></div>
<div class="now-progress"></div>
</div>
<div class="control-r">
<div class="time">
<span class='now'>00:00</span>
<i>|</i>
<span class='dur'>00:00</span>
</div>
<div class="volume">
<span class='volicon iconfont'> </span>
```

```
<div class="volbox">
<div class="volinner"></div>
</div>
</div>
<div class="fullscreen iconfont"> </div>
</div>
</div>
<!-- Video 控制 控件 开始-->
<!-- loading -->
<div class="loading iconfont"> </div>
</div>
</body>
</html>
```

JavaScript：

```
window.onload=function(){
//获取 视频对象
var vObj=document.getElementsByClassName('videos')[0].getElementsByTag
Name('video')[0];
vObj.controls=false;//隐藏自带控件
//获取 play 按钮
var playbtn=document.getElementsByClassName('play')[0];
//获取 加载图标
var load=document.getElementsByClassName('loading')[0];
//获取 进度条
var progress=document.getElementsByClassName("progress")[0];
var nowProgress=document.getElementsByClassName("now-progress")[0];
var loadProgress=document.getElementsByClassName('load-progress')[0];
progress.onmouseover=function(){
progress.style.height='8px';
progress.style.top='-8px';
}
progress.onmouseout=function(){
progress.style.height='5px';
progress.style.top='-5px';
}
//单击窗体 单击播放按钮 开始播放 暂停
vObj.onclick=playbtn.onclick=function(){
if(vObj.paused){
vObj.play();
}else{
vObj.pause();
}
}
//检测播放 暂停
vObj.onplay=function(){
```

```
//更改播放按钮样式 播放状态
playbtn.innerHTML='  ';
//视频缓冲
vObj.onprogress=function(){
// console.log(vObj.buffered.end(0));
var scale=vObj.buffered.end(0)/vObj.duration;
loadProgress.style.width=scale*100+'%';
vObj.onwaiting=function(){
load.style.display='block';
}
}
vObj.onplaying=function(){
load.style.display='none';
vObj.autoplay=true;
}
}
//暂停事件触发 更改播放按钮样式 暂停状态
vObj.onpause=function(){
playbtn.innerHTML='  ';
}
//获取 time 容器
var nowT=document.getElementsByClassName('now')[0];//当前时间容器
var dur=document.getElementsByClassName('dur')[0]; //持续时间容器

vObj.onloadedmetadata=function(){
dur.innerHTML=setTime(vObj.duration);
// console.log(vObj.buffered.end(0));
var scale=vObj.buffered.end(0)/vObj.duration;
loadProgress.style.width=scale*100+'%';
}
//播放时间改变  修改当前播放时间 修改进度条
vObj.ontimeupdate=function(){
nowT.innerHTML=setTime(vObj.currentTime);
var scale=vObj.currentTime/vObj.duration;
nowProgress.style.width=scale*100+'%';
}

//单击进度条  跳转到指定时间
progress.onclick=function(e){
var ev=window.event||e;
var x=ev.offsetX||ev.layerX;
var progressW=progress.offsetWidth;
vObj.currentTime=x/progressW*vObj.duration;
}
progress.onmousedown=function(e){
var ev=window.event||e;
```

```
var x=ev.offsetX||ev.layerX;
var progressW=progress.offsetWidth;;
document.onmousemove=function(e){
var ev=window.event||e;
if (ev.preventDefault )
ev.preventDefault(); //阻止默认浏览器动作(W3C)
else
ev.returnValue = false;//IE中阻止函数器默认动作的
var x=ev.offsetX||ev.layerX;
nowProgress.style.width=x/progressW*100+'%';
vObj.currentTime=x/progressW*vObj.duration;
}
document.onmouseup=function(){
document.onmousemove=null;
document.onmouseup=null;
}
}
//设置 时间格式
function setTime(time){
var h=setZero(Math.floor(time/3600));
var m=setZero(Math.floor(time%3600/60));
var s=setZero(Math.floor(time%60));
if(h<=0){
return m+':'+s;
}else{
return h+':'+m+':'+s;
}
}
//时间 <=9  补零
function setZero(num){
if(num<=9){
return '0'+num;
}else{
return ''+num;
}
}

//播放器 全屏按钮
var fullBtn=document.getElementsByClassName('fullscreen')[0];
var outBox=document.getElementsByClassName('videos')[0];
//fullscreen.js中的函数 全屏事件
fullscreenchange(function (){
if(!fullstate()){
//退出全屏
outBox.style.width='';
outBox.style.height='';
```

```
fullBtn.innerHTML='  ';
}else{
//全屏
fullBtn.innerHTML='  ';
outBox.style.width=document.documentElement.clIEntWidth+'px';
outBox.style.height=window.screen.height+'px';
}
});
//单击全屏按钮 全屏 退出全屏
fullBtn.onclick=function(){
if(!fullstate()){//fullscreen.js 全屏状态函数
fullscreen(outBox);//全屏
}else{
exitfullscreen();//退出全屏
}
}
//播放器 音量
var volicon=document.getElementsByClassName('volicon')[0];
var volbox=document.getElementsByClassName('volbox')[0];
var volinner=document.getElementsByClassName('volinner')[0];
var nowVol=1;
//获取单击位置
volbox.onclick=function(e){
var ev=window.event||e;
var x=ev.offsetX||ev.layerX;
vObj.volume=x/volbox.offsetWidth;
}
//单击音量按钮 静音 还原
volicon.onclick=function(){
if(vObj.volume>0){
nowVol=vObj.volume;
vObj.volume=0;
}else{
vObj.volume=nowVol;
}
}
//监测音量变化
vObj.onvolumechange=function(){
//计算音量进度条
volinner.style.width=vObj.volume*100+'%';
//根据音量值 动态改变 音量图标
if(vObj.volume==0){
volicon.innerHTML='  ';
}else if(vObj.volume>=0.5){
volicon.innerHTML='  ';
}else if(vObj.volume<0.5&&vObj.volume!=0){
```

```
        volicon.innerHTML='  ';
        }
        }
        //双击 不选中文字
        noText(volicon);
        noText(playbtn);
        function noText(obj){
        obj.onselectstart=function(e){
            var ev=window.event||e;
            if (ev.preventDefault )
               ev.preventDefault();
            else
               ev.returnValue = false;
        }
        }
        }
```

最终效果如图 8-8 所示。

图 8-8

第 9 章

移动端触摸事件

本章重点知识

- 9.1 移动端事件模型
- 9.2 移动端事件详解
- 9.3 可拖拽轮播图

9.1 移动端事件模型

9.1.1 我们熟知的事件模型

1996年，Netscape（网景）公司引入了鼠标事件和著名的鼠标悬停事件，使得Web开发者能够在PC端开发出可交互的网站。随后又引入了键盘事件，能够让我们在网页中监控到用户的输入动作。这两种事件在PC端统治了长达15年，直到iOS系统的出现，它既没有鼠标也没有键盘，所以在为移动Safari浏览器开发交互网页时，常规的鼠标和键盘事件根本无法使用，于是有了第三种事件——触摸事件。随着Android中的WebKit的加入，很多这样的专有事件已变成了事实标准。

9.1.2 触摸事件有何不同

触摸事件乍一看好像和鼠标事件没什么不同。我们想当然地认为mousedown等于touchstart，mousemove等于touchmove，moveseup等于touchup。那么如下代码的运行结果和您想得是否一致呢？

```
function touchEvent(event) {
    switch (event.type) {
        case "touchstart":
            console.log("touchstart");
            break;
        case "touchend":
            console.log("touchend");
            break;
        case "touchmove":
            console.log("touchmove");
            break;
    }
}
function mouseEvent(event) {
    switch (event.type) {
        case "mousedown":
            console.log("mousedown");
            break;
        case "mousemove":
            console.log("mousemove");
            break;
        case "mouseup":
            console.log("mouseup");
            break;
```

```
    }
}
document.addEventListener("touchstart", touchEvent, false);
document.addEventListener("touchend", touchEvent, false);
document.addEventListener("touchmove", touchEvent, false);
document.addEventListener("mousedown", mouseEvent, false);
document.addEventListener("mouseup", mouseEvent, false);
document.addEventListener("mousemove", mouseEvent, false);
```

触摸事件运行的结果为：

在 Chrome 的控制台中切换到 device 模式，就可以模拟触摸事件，如图 9-1 所示。

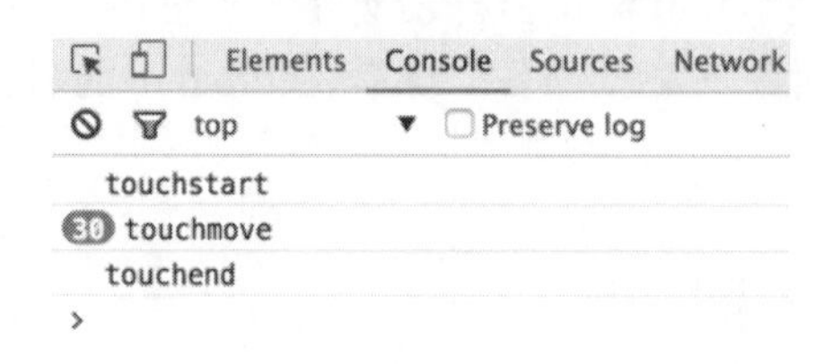

图 9-1

鼠标事件的运行结果，如图 9-2 所示。

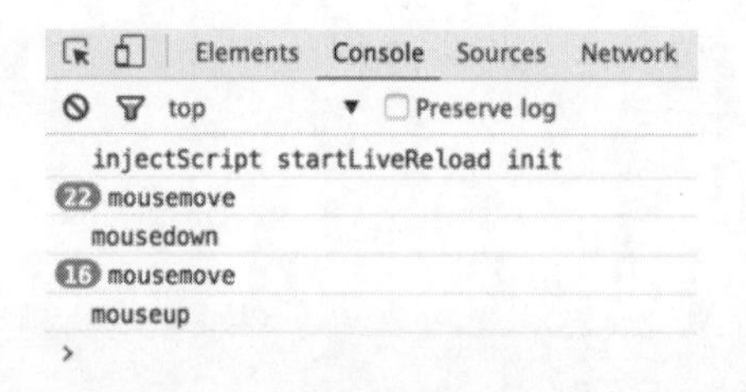

图 9-2

我们已经看到两种事件输出了不同的结果，那么我们可以通过这些结果得到什么结论呢?

（1）触摸事件是不连续的，而鼠标事件是连续的。所以当我们触发触摸的事件的时候，只有当用户真正触摸到屏幕，移动，直到用户的手指离开屏幕，才会依次触发 touchstart-touchmove-touchend。而当用户将鼠标指针从元素 A 移动到元素 B 时，鼠标移动是连续的还意味着你可以通过脚本进行监控。所以知道当我的鼠标移入窗口总是先触发 mousemove，当我鼠标按下并且移动，最终抬起的时候，才会依次触发 mousedown-mousemove-mouseup。触摸操作就不同了，用户可以放开元素 A，抬起手直接去碰元素 B。

（2）事件的动作序列不同。很显然，触摸动作序列是 touchstart-touchmove-touchend，而鼠标序列则是 mousemove-mousedown-mouseup。这个区别很重要，如果一个元素同时添加这三个事件，那么在移动端总是 touchstart 先触发，在 PC 端总是 mousemove 先触发。

（3）事件反映的意图不同。当鼠标指针移入某个元素，或者用户按下某个鼠标按键时，系统可以立即判断出应该触发哪个事件。而对于触摸操作来说就不同了，触摸操作可以引出不同的动作：在你的手指触碰屏幕的瞬间，系统还无法判断出你的意图。所以在这个方面来说，触摸事件更复杂。

（4）事实上还有一点不同，虽然通过以上案例很难看出，但通过我们的经验能够总结出来。鼠标指针总是指着某一个像素，而手指触摸会覆盖很多像素点。通常，系统会从这些像素点计算出一个中心点作为触摸事件的坐标，并且在 touchstart 和 touchend 之间给手指移动留有余地（否则的话总是会触发 touchmove）。

9.1.3 触摸事件的发展趋势

随着智能手机平台的发展，移动应用越来越丰富，用户体验要求也越来越高。移动平台捕获用户的消息主要分为按键、触摸屏和轨迹球三种类型。现阶段，触摸响应是主流趋势，对于触摸事件未来的发展方向是值得我们期待和探索的。

（1）触摸事件因为手指直接和设备接触所以比鼠标事件携带更多的信息。触摸屏可以探测用户手指的温度，检测触摸域的半径或者四触摸的压力值，这些属性的实现能让我们做更多的事情。在 IE 的指针事件中，已经预留了一些对应的属性。

（2）触摸事件和鼠标事件的合并。从操作逻辑上来说，这两种事件几乎一致。微软提供了指针事件来兼容这两个事件，pointerdown-pointermove-pointerup，然后通过事件对象来判断是触摸事件还是指针事件。Mozilla 和 Google 正在考虑实现指针事件（PointerEvent）。所以未来情况可能还会发生变化。

（3）我们以上讨论的触摸事件仅限于单指触摸，当前多指触控在浏览器支持得并不是太好。但是，Safari 浏览器在 iOS 上还实现了 gesturestart、gesturechange 和 gestureend 事件，IE 浏览器也有一组类似的事件。如果多指触控能实现的更好，那么 HTML5 能代替原生开发做更多的交互和操作逻辑。

9.2 移动端事件详解

HTML5 中新添加了很多交互事件，包括上一节中提到的触摸、手势、指针事件等，但是由于其兼容问题不是很理想，应用实战性不是太强，所以本书只分享应用广泛、兼容性好的事件，主要讨论的触摸事件包括：touchstart、touchmove、touchend 以及 touchcancel。

9.2.1 事件

上一节中，我们已经用到了以下的一些事件，现在来进行深入的了解。

touchstart 事件：当手指触摸屏幕时候触发，即使已经有一个手指放在屏幕上也会触发。

touchmove 事件：当手指在屏幕上滑动的时候连续地触发。在这个事件发生期间，调用 preventDefault() 事件可以阻止滚动。

touchend 事件：当手指从屏幕上离开的时候触发。

touchcancel 事件：当系统停止跟踪触摸的时候触发。关于这个事件的确切触发时间，文档中并没有具体说明，需要根据经验去猜测。

9.2.2 事件对象数组

正如所预想的一样，我们可以同时用很多手指触摸屏幕，所以在事件对象里提供了相应的数组来存储每个手指的信息。

touches：表示当前跟踪的触摸操作的touch对象的数组。

targetTouches：特定于事件目标的touch对象的数组。

changeTouches：表示自上次触摸以来发生了什么改变的touch对象的数组。

每个touch对象包含的属性将在下一节中进行介绍。

9.2.3 事件对象属性

每个手指包含有以下的信息。

clientX：触摸目标在视口中的x轴坐标。

clientY：触摸目标在视口中的y轴坐标。

identifier：标识触摸的唯一ID。

pageX：触摸目标在页面中的x轴坐标。

pageY：触摸目标在页面中的y轴坐标。

screenX：触摸目标在屏幕中的x轴坐标。

screenY：触摸目标在屏幕中的y轴坐标。

target：触目的DOM节点目标。

是时候该试试这些事件和属性了，下面，我们看看当这些事件触发的时候，它的触发顺序、间隔时间以及记录的信息运行结果如图9-3所示。

```
window.onload=function() {
var firstEmitTime = 0;
var    eventTypeArr    =    ['click',    'touchstart',    'touchmove',
'touchend','mousedown', 'mousemove',  'mouseover', 'mouseup'];
for (var i = 0; i < eventTypeArr.length; i++) {
//利用闭包保存 eventType，当回调函数触发时会访问该闭包的环境变量对象
(function () {
var eventType = eventTypeArr[i];
document.addEventListener(eventType, function (e) {
var curTime = (new Date()).getTime();
if (firstEmitTime === 0) {
firstEmitTime = curTime;
}
//打印当前事件触发时间与第一个事件触发时间的差值
var log = eventType + ': ';
var time= "时间间隔:"+(curTime - firstEmitTime)+";";
if(e.touches==undefined){
var px = "鼠标位置 x:"+e.clIEntX+";";
var py = "鼠标位置 y:"+e.clIEntY+";";
```

```
}else {
var current = e.touches[0];
if (current) {
var px = "触摸位置 x:"+current.clIEntX+";";
var py = "触摸位置 y:"+current.clIEntY+";";
} else {
var px = "触摸位置 x:检测不到;";
var py = "触摸位置 y:检测不到;";
}
}
console.log(log+time+px+py);
});
})();
}
}
</script>
```

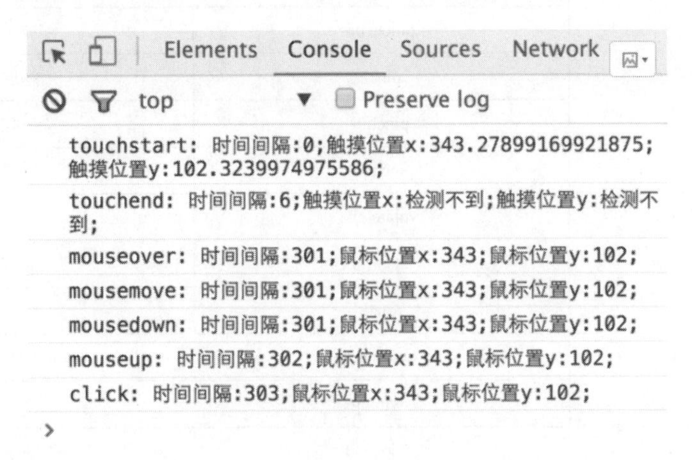

图 9-3

9.3 可拖拽轮播图

经过前面两节的阐述，我们已经了解移动端的触摸事件的执行流程，以及会引发的一些问题，那么我们应该如何使用触摸事件来实现各种功能呢？如果我们用原生的事件来做的话，会引发很多问题，并且在 PC 端并不能够检测到触摸事件，所以我们需要将原生的事件封装，并且解决兼容性以及可能引发的一系列问题。幸好有很多现成的插件可用，比方说百度官方提供的touchjs库，我们要实现的轮播图的案例，就可以采用 touchjs 库来完成。在官方网站有详细的文档说明，网址为http://allcky.github.io/touchjs。

虽然百度官方文档有详尽的说明，但我们还是有必要对即将用到的一些事件和属性做一些说明。

9.3.1 添加事件语法

代码如下：

```
    touch.on('.target', 'swipeleft swiperight', function(ev){ console.log
("you have done", ev.type); });
```

9.3.2 支持的事件

红色标注的是我们要用到的事件，见表 9-1。

表 9-1

分　类	参　数	描　述
缩放	pinchstart	缩放手势起点
	pinchend	缩放手势终点
	pinch	缩放手势
	pinchin	收缩
	pinchout	放大
旋转	rotateleft	向左旋转
	rotateright	向右旋转
	rotate	旋转
滑动	swipestart	滑动手势起点
	swiping	滑动中
	swipeend	滑动手势终点
	swipeleft	向左滑动
	swiperight	向右滑动
	swipeup	向上滑动
	swipedown	向下滑动
	swipe	滑动
拖动开始	**dragstart**	拖动屏幕
拖动	**drag**	拖动手势
拖动结束	**dragend**	拖动屏幕
拖动	drag	拖动手势
长按	hold	长按屏幕
敲击	tap	单击屏幕
	doubletap	双击屏幕

9.3.3 事件对象属性

表 9-2 列出了所有的时间对象属性，可以使我们获得事件触发时的详细信息。

表 9-2　事件对象

属　性	描　述
originEvent	触发某事件的原生对象
type	事件的名称
rotation	旋转角度
scale	缩放比例
direction	操作的方向属性
fingersCount	操作的手势数量
position	相关位置信息，不同的操作产生不同的位置信息
distance	swipe 类两点之间的位移
distanceX, x	手势事件 x 方向的位移值，向左移动时为负数
distanceY, y	手势事件 y 方向的位移值，向上移动时为负数
angle	rotate 事件触发时旋转的角度
duration	touchstart 与 touchend 之间的时间戳
factor	swipe 事件加速度因子
startRotate	启动单指旋转方法，在某个元素的 touchstart 触发时调用

现在开始介绍我们的案例：

1. 首先引入 touch.js

可以引用官方提供的 cdn 地址，也可以下载到本地。

```
<script src="http://code.baidu.com/touch-0.2.14.min.js"></script>
```

2. 布局页面

```
  // 外层的容器当做观察的窗口
<div class="banner">
 //里层的 box 作为盛放图片的大容器
<div class="box">
    //我们将图片作为背景放到 a 标签中
<a href="#">
</a>
<a href="#">
</a>
</div>
</div>
```

3. 添加 CSS 样式，使页面易于观察

```
	.banner{
	width:100%;height:390px;position: absolute;
	left:0;top:0;
	}
	.box{
	width:200%;height:100%;margin-left:0;
	}
	.box a{
	float:left;width:50%;height: 100%;

	}
	.box a:nth-child(1){
	background:url(../image/iphone-6s-change_small_2x.jpg)	no-repeat
center 10px;
	background-size:auto 80%;
	}
	.box a:nth-child(2){
	background:url(../image/hero_music_movIEs_books_xsmall_2x.png)	no-
repeat center center;
	background-size:auto 80%;
	}
```

4. 添加逻辑代码

```
	var current;// 初始化当前位置的变量
	var num=0;// 初始化当前图片的下标
	//添加开始拖拽事件，确定初始的位置
	touch.on(".box","dragstart",function(){
	$(".box").css({
	transition:"none"
	})
	current=parseInt($(".box").css("marginLeft"));
	})
	//添加拖拽事件，实时监测图片的位置和方向
	touch.on(".box","drag",function(e){
	$(".box").css({
	marginLeft: e.x+current
	})
	})
	//添加拖拽完成事件，确定最终拖拽方向和完成位置
	touch.on(".box","dragend",function(e){
	//如果方向是左侧的处理方式
	if(e.direction=="left"){
	num++;
	if(num>$(".box a").length-1){
```

```
num=$(".box a").length-1;
}
//如果方向是右侧的处理方式
}else if(e.direction=="right"){
num--;
if(num<0){
num=0;
}
}
//判断拖拽的速度和距离，来确定图片最终是回弹还是到下一张
if(e.factor<4|| Math.abs(e.x)>300){
$(".box").css({
transition:"margin .5s ease",
marginLeft:-num*100+"%"
})
}else{
$(".box").css({
transition:"margin .5s ease",
marginLeft:current
})
}
console.log(num);

})
```

效果如图 9-4 所示。

图 9-4　最终效果图

第 10 章

离线应用

本章重点知识

10.1 离线应用概述

前面的章节中我们曾使用 localStorage 把一些数据保存到本地，实现了一个可编辑表格。localStorage 搭配 HTML5 中提供的在线离线事件，以及离线资源（注意，是资源，不是数据）缓存，可以让我们制作一些功能更强大的应用。

在开发支持离线的 Web 应用程序时，开发者通常需要使用以下三个方面的功能。

- 离线资源缓存：需要一种方式来指明应用程序离线工作时所需的资源文件。这样，浏览器才能在在线状态时，把这些文件缓存到本地。此后，当用户离线访问应用程序时，这些资源文件会自动加载，从而让用户正常使用。在 HTML5 中，通过 cache manifest 文件指明需要缓存的资源，并支持自动和手动两种缓存更新方式。
- 在线状态检测：开发者需要知道浏览器是否在线，这样才能够针对在线或离线的状态，做出对应的处理。在 HTML5 中，提供了两种检测当前网络是否在线的方式。
- 本地数据存储：离线时，需要能够把数据存储到本地，以便在线时同步到服务器上。为了满足不同的存储需求，HTML5 提供了 DOM Storage 和 Web SQL Database 两种存储机制。前者提供了易用的 key/value 对存储方式，而后者提供了基本的关系数据库存储功能。

10.2 离线资源缓存

为了能够让用户在离线状态下继续访问 Web 应用，开发者需要提供一个 cache manifest 文件。这个文件中列出了所有需要在离线状态下使用的资源，浏览器会把这些资源缓存到本地。本节先通过一个例子展示 cache manifest 文件的用途，然后详细描述其书写方法，最后说明缓存的更新方式。

cache manifest 示例：

我们通过 W3C 提供的示例来说明 cache manifest 文件的用法。Clock Web 应用由三个文件“clock.html”“clock.css”和“clock.js”组成。

Clock 应用代码：

```
<!-- clock.html --><!DOCTYPE html><html><head>
<title>Clock</title>
<script src="clock.js"></script>
<link rel="stylesheet" href="clock.css"></head><body>
<p>The time is: <output id="clock"></output></p></body></html>
<style>output { font: 2em sans-serif; }</style>
<script>
setTimeout(function () {
  document.getElementById('clock').value = new Date();
}, 1000);</script>
```

当用户在离线状态下访问“clock.html”时，页面将无法展现。为了支持离线访问，开发者必须添加cache manifest文件，指明需要缓存的资源。这个例子中的cache manifest 文件为“clock.manifest”，它声明了3个需要缓存的资源文件“clock.html”“clock.css”和“clock.js”。

clock.manifest 代码：

```
CACHE MANIFEST
clock.html
clock.css
clock.js
```

添加了cache manifest文件后，还需要修改“clock.html”，把 <html> 标签的 manifest属性设置为“clock.manifest”。修改后的“clock.html”代码如下：

```
<!-- clock.html --><!DOCTYPE html><html manifest="clock.manifest"><head>
<title>Clock</title>
<script src="clock.js"></script>
<link rel="stylesheet" href="clock.css"></head><body>
<p>The time is: <output id="clock"></output></p></body></html>
```

修改后，当用户在线访问“clock.html”时，浏览器会缓存“clock.html”“clock.css”和“clock.js”文件；而当用户离线访问时，这个Web应用也可以正常使用了。

下面说明书写 cache manifest 文件需要遵循的格式。

- 首行必须是 CACHE MANIFEST。
- 之后，每一行列出一个需要缓存的资源文件名。
- 可根据需要列出在线访问的白名单。白名单中的所有资源不会被缓存，在使用时将直接在线访问。声明白名单使用 NETWORK：标识符。
- 如果在白名单后还要补充需要缓存的资源，可以使用 CACHE：标识符。
- 如果要声明某 URI 不能访问时的替补 URI，可以使用 FALLBACK：标识符。其后的每一行包含两个 URI，当第一个 URI 不可访问时，浏览器将尝试使用第二个 URI。
- 注释要另起一行，以#号开头。

cache manifest 示例：

```
CACHE MANIFEST
# 上一行是必须书写的。
images/sound-icon.png
images/background.png
NETWORK: comm.cgi
CACHE: style/default.css
FALLBACK: /files/projects /projects
```

更新缓存：

应用程序可以等待浏览器自动更新缓存，也可以使用Javascript接口手动触发更新。

- 自动更新

浏览器除了在第一次访问 Web 应用时缓存资源外，只会在 cache manifest 文件本身发生变化时更新缓存，而 cache manifest 中的资源文件发生变化并不会触发更新。

● 手动更新

我们也可以使用 window.ApplicationCache 的接口更新缓存。方法是检测 window.ApplicationCache.status 的值，如果是 UPDATEREADY，那么可以调用 window.ApplicationCache.update() 更新缓存。示范代码如下。

```
if (window.ApplicationCache.status == window.ApplicationCache.UPDATEREADY){
  window.ApplicationCache.update();
}
```

10.3 在线状态检测

如果 Web 应用程序仅仅是一些静态页面的组合，那么通过 cache manifest 缓存资源文件以后，就可以支持离线访问了。但是随着互联网的发展，特别是 Web 2.0 概念流行以来，用户提交的数据渐渐成为互联网的主流。那么在开发支持离线的 Web 应用时，就不能仅仅满足于静态页面的展现，还必需考虑如何让用户在离线状态下也可以操作数据。离线状态时，把数据存储在本地；在线以后，再把数据同步到服务器上。

为了做到这一点，我们首先必须知道浏览器是否在线。HTML5 提供了两种检测是否在线的方式：navigator.onLine 和 online/offline 事件。

● navigator.onLine

navigator.onLine 属性表示当前是否在线。如果为 true，表示在线；如果为 false，表示离线。当网络状态发生变化时，navigator.onLine 的值也随之变化。开发者可以通过读取它的值获取网络状态。

● online/offline 事件

当开发离线应用时，通过 navigator.onLine 获取网络状态通常是不够的。开发者还需要在网络状态发生变化时立刻得到通知，因此 HTML5 还提供了 online/offline 事件。当在线/离线状态切换时，online/offline 事件将触发在 body 元素上，并且沿着 document.body、document 和 window 的顺序冒泡。因此，开发者可以通过监听它们的 online/offline 事件来获悉网络状态。

10.4 离线应用示例

最后，我们通过一个例子来说明使用 HTML5 开发离线应用的基本方法。这个例子会用到前面提到的离线资源缓存、在线状态检测和 DOM Storage 等功能。假设我们开发一个便签管理的 Web 应用程序，用户可以在其中添加和删除便签。它支持离线功能，允许用户在离线状态下添加、删除便签，并且当在线以后能够同步到服务器上。

这个程序的界面很简单。用户点击“New Note”按钮可以在弹出框中创建新的便签，双击某便签就表示删除它。

页面HTML代码：

```
<html manifest="notes.manifest"><head>
<script type="text/Javascript" src="server.js"></script>
<script type="text/Javascript" src="data.js"></script>
<script type="text/Javascript" src="UI.js"></script>
<title>Note List</title></head>
<body onload = "SyncWithServer()">
<input type="button" value="New Note" onclick="newNote()">
<ul id="list"></ul></body></html>
```

1. cache manifest 文件

定义cache manifest文件，声明需要缓存的资源。在这个例子中，需要缓存“index.html”“server.js”“data.js”和“UI.js”4个文件。除了前面列出的“index. html”外，“server.js”“data.js”和“UI.js”分别包含服务器相关、数据存储和用户界面代码。

2. cache manifest 文件定义

用户界面代码：

```
CACHE MANIFEST
index.html
server.js
data.js
UI.js
```

用户界面代码定义在UI.js：

```
function newNote(){
  var title = window.prompt("New Note:");
  if (title)
  {
    add(title);
  }
}
function add(title){
  // 在界面中添加
  addUIItem(title);
  // 在数据中添加
  addDataItem(title);
}
function remove(title){
  // 从界面中删除
  removeUIItem(title);
  // 从数据中删除
  removeDataItem(title);
}
function addUIItem(title){
```

```
    var item = document.createElement("li");
    item.setAttribute("ondblclick", "remove('"+title+"')");
    item.innerHTML=title;
    var list = document.getElementById("list");
    list.APPendChild(item);
  }
  function removeUIItem(title) {
    var list = document.getElementById("list");
    for (var i = 0; i < list.children.length; i++) {
      if(list.children[i].innerHTML == title)
      {
        list.removeChild(list.children[i]);
      }
    }
  }
```

UI.js 中的代码包含添加便签和删除便签的界面操作。

● 添加便签

用户点击“New Note”按钮，newNote 函数被调用。

newNote 函数会弹出对话框，用户输入新便签内容。newNote 调用 add 函数。

add 函数分别调用 addUIItem 和 addDataItem 添加页面元素和数据。addDataItem 代码将在后面列出。

addUIItem 函数在页面列表中添加一项，并指明 ondblclick 事件的处理函数是 remove，使得双击操作可以删除便签。

● 删除便签

用户双击某便签时，调用 remove 函数。

remove 函数分别调用 removeUIItem 和 removeDataItem 删除页面元素和数据。removeDataItem 将在后面列出。

removeUIItem 函数删除页面列表中的相应项。

3. 数据存储代码

数据存储代码定义在 data.js 中。

```
var storage = window['localStorage'];
function addDataItem(title){
  if (navigator.onLine) // 在线状态
  {
    addServerItem(title);
  }
  else // 离线状态
  {
    var str = storage.getItem("toAdd");
    if(str == null)
    {
      str = title;
```

```
    }
    else
    {
      str = str + "," + title;
    }
    storage.setItem("toAdd", str);
  }
}
function removeDataItem(title){
  if (navigator.onLine) // 在线状态
  {
    removeServerItem(title);
  }
  else // 离线状态
  {
    var str = storage.getItem("toRemove");
    if(str == null)
    {
      str = title;
    }
    else
    {
      str = str + "," + title;
    }
    storage.setItem("toRemove", str);
  }
}
function SyncWithServer(){
  // 如果当前是离线状态，不需要做任何处理
  if (navigator.onLine == false)return;

  var i = 0;
  // 和服务器同步添加操作
  var str = storage.getItem("toAdd");
  if(str != null)
  {
    var addItems = str.split(",");
    for(i = 0; i<addItems.length; i++)
    {
      addDataItem(addItems[i]);
    }
    storage.removeItem("toAdd");
  }

  // 和服务器同步删除操作
  str = storage.getItem("toRemove");
```

```
        if(str != null)
        {
          var removeItems = str.split(",");
          for(i = 0; i<removeItems.length; i++)
          {
            removeDataItem(removeItems[i]);
          }
          storage.removeItem("toRemove");
        }

        // 删除界面中的所有便签
        var list = document.getElementById("list");
        while(list.lastChild != list.firstElementChild)
        list.removeChild(list.lastChild);
        if(list.firstElementChild)
        list.removeChild(list.firstElementChild);

        // 从服务器获取全部便签，并显示在界面中
        var allItems = getServerItems();
        if(allItems != "")
        {
          var items = allItems.split(",");
          for(i = 0; i<items.length; i++)
          {
            addUIItem(items[i]);
          }
        }
      }window.addEventListener("online", SyncWithServer,false);
```

data.js 中的代码包含添加便签、删除便签和与服务器同步等数据操作。其中用到了 navigator.onLine 属性、online 事件、DOM Storage 等 HTML5 的新功能。

● 添加便签：addDataItem

通过 navigator.onLine 判断是否在线。如果在线，那么调用 addServerItem 直接把数据存储到服务器上。addServerItem 将在后面列出；如果离线，那么把数据添加到 localStorage 的“toAdd”项中。

● 删除便签：removeDataItem

通过 navigator.onLine 判断是否在线。如果在线，那么调用 removeServerItem 直接在服务器上删除数据。removeServerItem 将在后面列出，如果离线，那么把数据添加到 localStorage 的“toRemove”项中。

● 数据同步：SyncWithServer

在 data.js 的最后一行，注册了 window 的 online 事件处理函数 SyncWithServer。当 online 事件发生时，SyncWithServer 将被调用。其功能如下：如果 navigator.onLine 表示当前离线，则不做任何操作。把 localStorage 中“toAdd”项的所有数据添加到服务器上，并删除“toAdd”项。把 localStorage 中“toRemove”项的所有数据从服务器中删除，并删除

“toRemove”项。

● 删除当前页面列表中的所有便签

调用 getServerItems 从服务器获取所有便签，并添加在页面列表中。getServerItems 将在后面列出。

4. 服务器相关代码

服务器相关代码定义在 server.js 中。

```
function addServerItem(title){
  // 在服务器中添加一项
}
function removeServerItem(title){
  // 在服务器中删除一项
}
function getServerItems(){
  // 返回服务器中存储的便签列表
}
```

由于这部分代码与服务器有关，这里只说明各个函数的功能，具体实现方式可以根据不同服务器编写代码。

● 在服务器中添加一项：addServerItem
● 在服务器中删除一项：removeServerItem
● 返回服务器中存储的便签列表：getServerItems

第 11 章

History 历史记录

本章重点知识

11.1　应用场景

11.2　HTML5 历史记录详解

11.3　history 新特性结合 ajax 增强单页面体验

11.1 应用场景

单页面应用，异步加载，按需加载是我们在开发每一个应用时都会涉及的概念，尤其在CURD场景中，这种应用几乎成为标配。在HTML4时代我们实现单页面应用的方法有 Ajax和 iframe，这两种方法各有优缺点。

（1）Ajax可以实现页面的无刷新操作，但会因为URL地址没有改变，无法使用前进、后退按钮。例如常见的Ajax分页，在第一页点击第二页的链接，Ajax分页完成后，浏览器地址栏上显示的URL依然是第一页的URL，使用后退按钮也无法回到第一页，这种体验难免会对用户造成不便。

随后机智的前端工程师们想到了使用hash值在URL结尾添加形如“#xxx”的标识，然后用onhashchange等方式监听hash值的变化并作出相应处理，使得URL形成历史记录，从而能让用户完成前进和后退。但是这样并不利于搜索引擎的优化，而且得做大量的代码处理逻辑。

（2）窗口分帧技术——iframe，在一定程度上也能解决单页面的应用。但是窗口分帧技术的本质是将浏览器窗口分为多个窗口，这样必然会导致各个窗口之间的通信困难。而且这种技术对于搜索引擎也并不友好，所以我们经常会在网站的后台见到这种技术，一般不会用在前台页面当中。

history对象从HTML4开始引入，有我们熟悉的history.go()、history.back()和 history.forward()方法。HTML5中增加了pushState和replaceState两个方法，以及popstate事件。新增的这些方法和事件能够帮助我们优雅地实现单页面应用，同时又不会影响搜索引擎对我们网站的搜录。现在所有的浏览器都已经支持这些新的特性，并且涌现出大量的路由框架，都内置集成了这些新的特性。例如著名的angularjs框架里面的angular-route等路由框架。

11.2 HTML5历史记录详解

我们先来回顾一下HTML4的history对象给我们提供的方法以及属性。

1. back()方法

```
window.history.back();
```

使用back()方法可以在用户的历史记录的堆栈中后退，它的效果相当于点击浏览器工具栏的后退按钮。

2. forward()方法

```
window.history.forward();
```

同样的，也可以用以上方法产生用户前进行为。

3. go()方法

```
window.history.go(-1);
```

移动到历史记录中特定的位置。

用户可以使用 go()方法从历史中载入特定的页面。

4. length 属性

```
window.history.length
```

还可以通过检查浏览器历史记录的 length 属性来找到历史记录堆栈中的页面总数。

上面我们对 HTML4 里面的 history 对象做了回顾，因为我们仍会用到这些属性和方法。接下来，我们要对 histroy 里面的新特性进行讲解。

1. pushState()

pushState()的作用是向历史记录的堆栈中压入一条记录，该方法有三个参数：

state object——一个对象，用于保存状态信息，当 popstate 事件被触发时，popstate 事件对象的 state 属性会包含相应的 state object 的备份。state object 的容量很小（Firefox 中强制为 640KB），如果需要储存较大的数据，建议使用 localStorage 或 sessionStorage。

title——被压入的历史记录的页面的标题，该属性暂时被所有浏览器忽略，实际开发时可以填入空字符或一个简短的标题。

URL——新的历史记录的地址，可以是相对路径或绝对路径，若为相对路径则以当前 URL 为基址。

2. replaceState()

replaceState() 方法与 pushState() 方法类似，参数与 pushState() 也相同，但 replaceState() 方法会替换当前的历史记录而并非创建新的记录。因此在需要更新当前历史记录的 state object 或 URL 时，使用该方法会更加合适。

3. popstate 事件

```
window.onpopstate=function(){
    console.log('changed')
}
```

当用户在 HTML 页面引入这段代码以后，就会发现这个事件并没有触发，那么它的触发时机是什么呢？我们再来回顾下上面的两个方法：pushState()和 replaceState()。

这两个方法会将地址栏里面的 URL 改变，但浏览器不会加载对应的页面，即使这个页面存在也不会加载。也就是说并不会通知浏览器去加载新的 URL 地址，只是会将地址栏里面的 URL 进行更改从而形成历史记录，其实是还是在本页面当中，接下来你就可以在页面当中进行其他操作，比方说利用 Ajax 加载新的内容到页面当中。

但是在历史记录当中进行前进和后退的时候，我们如何通知浏览器完成该做的事情呢？

这正是 popstate 这个事件的意义所在，当我们操作前进和后退通过 pushState()以及 replaceState()改变的记录时，这个事件就触发了。当这个事件触发的时候，我们就可以实现我们想做的事情，例如将某个页面的信息通过 Ajax 放在本页面当中。值得注意的是这个事件并不属于 history 对象而是属于 window 对象。

还有一个问题需要解决，就是当 popstate 这个事件发生的时候，我们如何知道当前的

URL 处在哪一种状态，所以必定要有一个属性来记录当前路由的状态。

4. state 属性

```
history.state
```

这个属性能记录一些状态信息，但是它并不会自己记录，一般来说它的值是 null，如果你想让它有值的话，还记得前面的 replaceState() 方法与 pushState()这两个方法吗？这两个方法分别有三个参数，其中第一个参数，可以设置一个对象（自定义），在这个对象里面保存的状态信息，可以在 history.state 里面返回，当你得到你自己设置的状态信息时，即可进行下一步的事情了。

11.3 history 新特性结合 ajax 增强单页面体验

前面两节已经将所需的知识点做了完善的铺垫，那么，接下来我们通过一个小案例，来加深对 history 新特性的理解。

（1）先在页面当中创建 3 个按钮：

```
<button type="button"> 按钮 1</button>
<button type="button"> 按钮 2</button>
<button type="button"> 按钮 3</button>
```

在浏览器里面会出现如下样式，如图 11-1 所示。

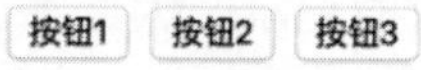

图 11-1

（2）放一个容器到 HTML 页面中，用于点击按钮的时候盛放不同的内容：

```
<ul></ul>
```

为了使页面样式更直观，添加一些 CSS 样式，如图 11-2 所示。

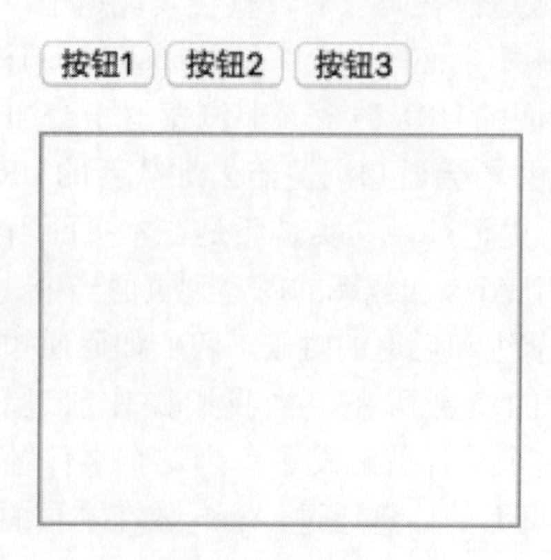

图 11-2

```
<style>
ul{
width:150px;height:150px;
border:1px solid #888;
}
</style>
```

（3）页面的样式和结构完成了，是时候实现我们的业务逻辑了。首先我们用json格式模拟一些数据。

```
<script>
var data=[
{con:"000"},
{con:"111"},
{con:"222"}];
</script>
```

（4）接下来我们要实现逻辑，当点击不同的按钮的时候，容器里面出现不同的内容，而且URL地址也要发生变化。

```
//获得所有按钮的集合
var btns=document.getElementsByTagName("input");
//获得容器的对象
var ul=document.getElementsByTagName("ul")[0];
for(var i=0;i<btns.length;i++){
     (function(i){
        btns[i].onclick=function(){
            //点击按钮的时候，我们在历史记录的堆栈里面，添加一条记录，并且保存当前
            //url 的状态，以及对应的 URL 的变化地址
              history.pushState({state:i},"","#/"+i);
              // 然后将模拟数据里面对象的内容放到容器里面
              ul.innerHTML=data[i].title;
        }
    })(i)
}
```

（5）但是似乎缺少了什么步骤。当我们进行前进或后退的时候，也需要能够在容器里面出现相应的内容，如何实现呢？只要稍作添加即可！

```
window.onpopstate=function(){
//当历史记录发生变化的时候，读到相应的页面保存的状态，根据状态将对应的模拟数据写入到
//容器中
    ul.innerHTML=data[history.state.state].title;
}
```

（6）还有一个问题需要解决，当我们直接访问 URL 地址的时候，容器中并没有出现相应的内容，我们需要对 URL 地址稍作处理：

```
//将 URL 地址的最后一位找到，并根据这个值找到我们的模拟数据并放到容器中
var hash=location.hash;
ul.innerHTML=data[ hash.slice(-1)].title;
```

运行结果如图 11-3 所示。

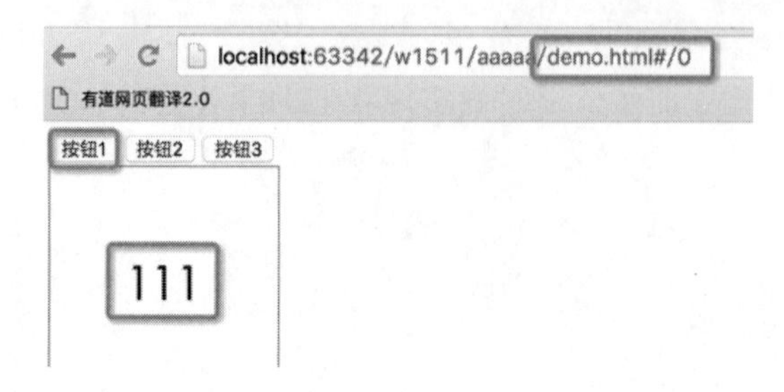

图 11-3

（7）最后，我们结合 Ajax 实现在单页面中呈现不同页面的内容，同时 URL 地址会发生变化。

为了方便起见，页面样式不会发生变化，但是我们要将模拟的数据放到 HTML 文件里面，在 HTML 文件里面，包含不同的内容，如图 11-4 所示。

1.html
2.html
3.html

图 11-4

（8）我们现在只需要将取模拟数据的地方改成用 Ajax 取不同的页面即可，整体代码如下：

```
<script>
window.onload = function () {
    var btns = document.getElementsByTagName("button");
    var ul = document.getElementsByTagName("div")[0];
    for (var i = 0; i < btns.length; i++) {
        (function (i) {
          btns[i].onclick = function () {
                  history.pushState({state: i}, "", "#/" + i);
                  //通过 Ajax 取页面的内容
                  ajax(i)
              }
          })(i)
      }
    //当历史记录发生变化时,取对应的内容
    window.onpopstate = function () {
        ajax(history.state.state)
```

```
            }
            //解析 URL 地址
            function parseUrl() {
                var hash = location.hash.slice(-1);
                if (hash == "") {
                    hash = 0;
                }
                return hash;
            }
            //当页面载入时,通过分析 URL 地址,将相应的内容放入容器中
            ajax(parseUrl())
            //封装 Ajax 函数,当然您也可以直接用 jQuery 提供的 Ajax 功能
            function ajax(i) {
                var xml = new XMLHttpRequest();
                var url = i + ".HTML";
                xml.open("get", url);
                xml.send();
                xml.onreadystatechange = function () {
                if (xml.readyState == 4) {
                    if (xml.status == 200) {
                    ul.innerHTML = xml.responseText;
                    }
                }
            }
        }
    }
</script>
```

第 12 章

新闻 APP

本章重点知识

12.1　Hbuilder 开发环境
12.2　HBuilder Webview 详解
12.3　新闻 APP 页面制作
12.4　结合 HBuilder 实现新闻 APP

12.1 HBuilder 开发环境

“工欲善其事，必先利其器”。一个优秀的开发环境是成功完成项目开发的先决条件。在本章中，我们用到的开发工具是 HBuilder。HBuilder 是 DCloud（数字天堂）推出的一款支持 HTML5 的 Web 开发 IDE（集成开发环境）。“急速”是 HBuilder 最大的优势，通过极其完整、全面的语法提示，HBuilder 大大地缩短了开发周期并且大幅度地提升了 HTML、CSS、JS 的开发效率。它还包含了最全面的语法库和浏览器兼容性数据。接下来我们从几个方面对 HBuilder 进行简单的介绍。

12.1.1 HBuilder 优势

下面介绍 HBuilder 有哪些优势。

1. 以“快”为核心

HBuilder 可以说是目前 Web 开发中最快速的 IDE。HBuilder 提供了最全面的提示功能并且引入了“快捷键语法”的概念，很好地解决了开发者记不住快捷键的烦恼。开发者只需要记住几条语法，就可轻松快速实现跳转、转义和其他操作。比如〈Alt+[〉是跳转到括号，〈Alt+'〉是跳转到引号，〈Alt+字母〉是跳转菜单项，而〈Alt+左〉则是跳转到上一次光标位置。而 Ctrl 则可以控制操作，比如〈Ctrl+d>就是删除一行，按下〈Ctrl+p〉进入边看边改视图。〈shift〉键则是转义的作用，比如〈Shift+回车>是
，〈Shift+空格〉是 。

2. 绿色主题，更加保护健康

黑色主题看起来比较酷，但是如果人眼长期看着黑色的界面，当要切换视野看别的事物时，就会产生晕眩。使用绿色主题更易让我们联想到大自然使我们的心情舒畅，同时使用绿色主题，程序员疲劳值上升的相对缓慢，注意力也更加的集中。对着这样的界面写代码，感觉要比太亮或太暗的界面舒服很多。

3. HBuilder 的编写用到了 Java、C、Ruby

HBuilder 团队是由一群了解多种编程语言的极客组成的，因此对每种语言的优劣，都非常的清楚，每个功能用哪种语言更合适，就用哪个语言。HBuilder 本身主体是基于 Ecilpse 平台，用 Java 实现的，所以顺其自然地兼容了 Eclipse 平台的插件。但因为 Java 效率低，所以用 C 语言写了启动器。HBuilder 柔和的绿色界面设计需要动态调节屏幕亮度，它还支持手机数据线真机调试，而这些都是用 C 语言写的。最后，代码块、快捷配置命令脚本，则是用 Ruby 开发的。

4. 最全的语法库和兼容性数据库

Web 标准的发展速度是非常快的，各个浏览器的扩展语法，几乎每次浏览器版本升级，都会产生新的标签或语法，但是 HBuilder 都会以最快的速度将其收录其中。

12.1.2 用 HBuilder 开发移动 APP

简要开发过程如下：

（1）HBuilder 官方网站（http://www.dcloud.io/）下载 HBuilder。

（2）新建一个手机 APP 项目。

点击“文件”→“新建”→“移动 APP”或者直接点击“新建移动 APP”。

（3）设置 APP 名称以及选择相应模板。

（4）编辑相应的页面。

（5）调试。

（6）利用 HBuilder 进行打包。

12.2 HBuilder Webview 详解

通过上一节的讲解相信你已经对 HBuilder 这款编辑器有了一定了解，在我们正式制作之前我们需要了解一下在本案例中主要用到的 HBuilder 中的 Webview 模块。Webview 模块负责管理应用窗口界面，实现各个页面之间的跳转。当然在使用之前需要通过 plus.Webview 获取应用界面管理对象。在这里的 plus 相当于 Javascript 中的 window 顶层对象，然后每个页面其实就是对应一个 Webview 对象。每个 Webview 有自己的运行环境，各个 Webview 之间不会干扰。接下来我们介绍本模块中所用到的方法。

一、Webview 方法。

1. 创建新的 Webview 窗口

```
plus.Webview.create (url, id, styles, extras)
```

说明：

创建 Webview 窗口，用于加载新的 HTML 页面，可通过 styles 设置 Webview 窗口的样式，创建完成后需要调用 show 方法才能将 Webview 窗口显示出来。

参数：

url：可选，新窗口加载的 HTML 页面地址。

新打开 Webview 窗口要加载的 HTML 页面地址，可支持本地地址和网络地址。

id：可选，新窗口的唯一标记。

窗口标记可用于在其他页面中通过 getWebviewById 来查找指定的窗口，为了保持窗口标记的唯一性，不要使用相同的标记来创建多个 Webview 窗口。如果传入无效的字符串则使用 url 参数作为 WebviewObject 窗口的 id 值。

styles：可选，创建 Webview 窗口的样式（如窗口宽、高、位置等信息）。

extras：可选，创建 Webview 窗口的额外扩展参数。

值为 JSON 类型，设置扩展参数后可以直接通过 Webview 的点（“.”）操作符获取扩展参数属性值，如：var w=plus.Webview.create('url.HTML', 'id', {}, {preload:"preload Webview"}); //可直接通过以下方法获取 preload 值 console.log(w.preload); // 输出值为“preload Webview”

实例：

```
var head=plus.Webview.create("head.HTML","",{},{});
```

2. 显示 Webview 窗口

```
plus.Webview.show( id, show, duration, callback, extras );
```

说明：

显示已创建或隐藏的 Webview 窗口，并可指定显示窗口的动画及动画持续时间。

参数：

id：必选，要显示 Webview 窗口 id 或窗口对象。

若操作 Webview 窗口对象显示，则无任何效果。使用窗口 id 时，则查找对应 id 的窗口，如果有多个相同 id 的窗口则操作最先创建的窗口，若没有查找到对应 id 的 WebviewObject 对象，则无任何效果。

show：可选，显示 Webview 窗口的动画方式。

如果没有指定窗口动画类型，则使用默认值“auto”，即自动选择上一次显示窗口的动画效果，如果之前没有显示过，则使用“none”动画效果。

duration：可选，显示 Webview 窗口动画的持续时间。

单位为 ms，如果没有设置则使用默认窗口动画时间 600ms。

callback：可选，Webview 窗口显示完成的回调函数。

当指定 Webview 窗口显示动画执行完毕时触发回调函数，窗口无动画效果（如"none"动画效果）时也会触发此回调函数。

extras：可选，显示 Webview 窗口扩展参数。

可用于指定 Webview 窗口动画是否使用图片加速。

3. 获取当前窗口的对象

```
plus.Webview.currentWebview();
```

说明：获取当前窗口的对象。

实例：

```
var current=plus.Webview.currentWebview();
```

二、WebviewObject 方法

Webview 窗口对象，用于操作加载 HTML 页面的窗口

1. 添加事件

```
obj.addEventListener(type,fn,Boolean);
```

说明：向 Webview 窗口添加事件，当指定的事件发生时，将触发 fn 函数的执行。可多次调用此方法向 Webview 添加多个监听器，当监听的事件发生时，将按照添加的先后顺序执行。

参数：

type：必选，Webview 窗口事件类型

fn：必选，监听事件发生时执行的回调函数

Boolean：可选，捕获事件流顺序

实例：

```
document.addEventListener("plusready",function(){***},false)
```

2. 向 Webview 窗口中添加子窗口

```
obj.append(son)
```

说明：在当前的 obj 窗口中插入一个 son 子窗口。

实例：

```
var current=plus.Webview.currentWebview();
varheader=plus.Webview.create("_www/tpl/index_head.HTML","index_header
.HTML",{width:"100%",height:"44px",top:0,left:0,position:"fixed"})
obj.append(header);
```

3. 显示窗口

```
obj.show( type, duration, callback, extras );
```

说明：当调用 plus.Webview.create 方法创建 Webview 窗口后，需要调用 show 方法才能显示，同时可设置窗口显示动画方式及动画时间。Webview 窗口被隐藏后也可调用此方法来重新显示。

参数：

type：可选，Webview 窗口显示动画类型。

如果没有指定窗口动画类型，则使用默认值“none”，即无动画。

duration：可选，Webview 窗口显示动画持续时间。

单位为 ms，默认使用动画类型相对应的默认时间。

callback：可选，Webview 窗口显示完成的回调函数。

当指定 Webview 窗口显示动画执行完毕时触发回调函数，窗口无动画效果时也会触发此回调函数。

extras：可选，显示 Webview 窗口扩展参数。

可用于指定 Webview 窗口动画是否使用图片加速。

实例：

```
obj.show("slide-in-right");
```

12.3 新闻 APP 页面制作

在之前的两节中我们已经介绍了本章开发用到的开发环境（HBuilder）和需要用到的窗

口界面管理（Webview）模块中的一些方法。本节，我们将开始进行页面的制作。

在制作页面之前我们先来提出一个概念：多窗口技术。它类似于我们HTML中的帧窗口技术。当我们用手机访问一个页面时，由于各种原因导致我们的页面无法快速的加载，这时留给我们的就会是白屏，这样对我们的用户就不是那么的友好，那么应该如何解决这个问题呢？大家来想我们是不是可以用好多个页面来组合成一个页面呢？将一个页面拆分成若干页面，然后将其中的一些页面放在的APP包中，一些页面放在服务器上，这样再访问页面的话，在包中的部分能够很快速地加载出来，然后服务器上的页面进行加载，这样的话，页面中也会显示部分内容，就可以避免之前提到的那种情况。接下来，我们开始制作新闻 APP。

1. 新建新闻 APP

启动 HBuilder：

在菜单栏中选择“文件”→“新建”→“移动 APP”（快捷键〈Ctrl+N〉），打开“创建移动 APP”对话框，在应用名称中输入APP名称，选择模板“mui 项目”。该模板中包含一些文件。有我们最熟悉的index.html，css，js，font。另外我们还能够看见其他两个文件，manifest.json这个文件可以帮助我们配置大量的信息，比如APP的名称、APPid、版本号和页面入口等；unpackage文件则是为了集中管理项目的相关资源，我们在开发时可以放一下文件（比如 logo，闪屏页），以便打包的时候使用，本质上和系统的任何一个文件夹没什么区别。

2. 页面制作（index.html）

我们利用上面说到的多窗口技术来实现，我们先在项目下面新建一个文件夹tpl来存放我们要用到的页面，在该文件夹下面我们新建几个子页面：index_head.html，index_content.html。在下面的布局中我们可能会用到HBuilder给我们定义好的样式让我们快速的实现页面布局。

```
index_head.html
```

首页头部布局：

```
<header class="mui-bar mui-bar-nav">
        <a class="mui-icon-contact mui-icon mui-pull-left"></a>
        <h1 class="mui-title">NEWAPP</h1>
        <a class="mui-icon-bars mui-icon mui-pull-right"></a>
 </header>
```

效果如图 12-1 所示。

图 12-1

```
index_content.html
```

首页内容的布局，此处是导航。

```
        <div class="top">
            <a href="">国内新闻</a>
            <a href="">国际新闻</a>
            <a href="">人文地理</a>
            <a href="">社会科学</a>
        </div>
```

效果如图 12-2 所示。

国内新闻　国际新闻　人文地理　社会科学

图 12-2

此处是一个轮播图。

```
        <div class="mui-slider">
          <div class="mui-slider-group">
            <div  class="mui-slider-item"><a  href="#"><img  src="../img/2.jpg"/>
</a></div>
            <div class="mui-slider-item"><a href="#"><img src="../img/3.jpg"/>
</a></div>
            <div class="mui-slider-item"><a href="#"><img src="../img/4.jpg"/>
</a></div>
        <div  class="mui-slider-item"><a  href="#"><img  src="../img/5.jpg"/>
</a></div>
           </div>
        </div>
```

效果如图 12-3 所示。

图 12-3

此处是一个列表。

```
        <ul class="mui-table-view ul">
        <li class="mui-table-view-cell mui-media">
```

```
    <a href="Javascript:;">
    <img class="mui-media-object mui-pull-left" src="../img/4.jpg">
    <div class="mui-media-body">
    <p class='mui-ellipsis'>能和心爱的人一起睡觉，是件幸福的事情；可是，打呼噜怎么
办？</p>
    </div>
    </a>
    </li>
        <!-- 此处可进行复制 -->
    </ul>
```

效果如图 12-4 所示。

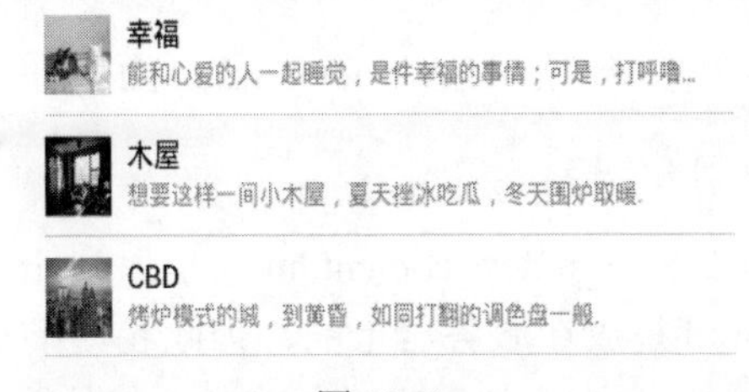

图 12-4

```
    index.html
```

此处是一张带有进度条的图片。

```
    <img  src="img/1.gif"  alt=""  style="position:  fixed;left:  0;right:
0;top: 0;bottom: 0;margin: auto auto;"/>
```

接下来我们只需要将它的两个子页面引入即可。用类似的方法我们同样可以实现列表页（list.html）和内容页（show.html）的布局。

12.4　结合 HBuilder 实现新闻 APP

12.4.1　调用 Webview 模块

通过前面的章节我们已经基本实现了 APP 静态页面的制作，本节我们将利用 Webview 来实现各个页面之间的跳转。在正式实现之前，我们把上一节留下的一些问题解决掉：我们如何将写好的 index_head.html、_index_content.html 插入到我们的首页（index.html）。接下来，我们看代码部分。

1. 静态页面的完善

```
    index.html
```

第一步：我们执行的一切操作必须要等页面所有的资源加载完成后才行，所以我们先给

文档添加一个 “plusready”事件。

```
document.addEventListener("plusready", function(){ *****  })
```

第二步：当一切就绪之后我们将 index_head.html 和 index_content.html 插入到 index.html 中。

首先我们在 index.html 中获取当前窗口的 Webview 对象。

```
var obj=plus.Webview.currentWebview();
```

然后我们创建 index_head.html 页面对象。

```
var header=plus.Webview.create("_www/tpl/index_head.HTML","index_header.
HTML",{width:"100%",height:"44px",top:0,left:0,position:"fixed"});
```

最后我们将创建出来的头部窗口插入到 index.html 页面中。

```
obj.append(header);
```

接下来我们利用相同的方法将_index_content.html 插入到 index.html 中，在这里我们需要注意的是_index_content.html 是放在服务器上的，因此我们不知道该页面什么时候可以加载完成，所以在此处我们需要在页面未加载完成之前有一个提示。

我们创建 index_content.html 页面对象的代码如下。

```
var content=plus.Webview.create("_www/tpl/index_content.HTML","", {width:
"100%",position:"fixed",top:"44px",left:0,zIndex:0})
```

接下来，我们分别添加 Webview 窗口页面开始加载事件和 Webview 窗口页面加载完成事件。

```
content.addEventListener("loading",function(){
            $("img").CSS("display","block")
             },false)
           content.addEventListener("loaded",function(){
             obj.APPend(content);
              $("img").CSS("display","none")
          },false)
```

用类似的方法我们来实现列表页（list.html）和内容页（show.html）的布局，到此为止，我们才将所有的静态页面真正的布局完毕。接下来我们来实现页面之间的跳转。

2. 页面跳转

有的读者或许已经发现在我们的页面布局中，我们将所有的链接标签（a）的链接功能给屏蔽掉了，那我们如何实现页面之间的跳转呢？在 HBuilder 的 Webview 模块中是否给我们提供了相应的方法呢？答案是肯定的，现在回想一下我们是如何让 index_head.html 和 index_content.html 在首页里面显示的呢？下面我们用同样的思路来实现页面之间的跳转：我们点击相应的链接，首先创建相应的窗口对象，然后我们再利用 show 方法让页面以不同的动画方式出现即可。接下来我们看代码实现。

```
    index_content.HTML
```

第一步：先给文档添加一个“plusready”事件

```
    document.addEventListener("plusready",function(){ *****  })
```

第二步：点击相应的链接跳转到对应的页面，我们先来设置导航对应的跳转页面，首先我们给导航上面的每一个栏目添加一个点击事件。

```
    $(".top a").click(function(){
```

当我们点击时，创建相应的窗口对象：

```
    var header=plus.Webview.create("list.HTML","");
```

创建出相应的窗口对象之后，我们利用 show 方法让页面以不同的动画方式出现：

```
        header.show("slide-in-right");
  })
```

然后我们设置内容列表对应的跳转页面：

```
          $(".ul li").click(function(){
              var show=plus.Webview.create("show.HTML","show.HTML");
              show.show("slide-in-right");
    })
```

利用相同的方法来实现其他地方的页面跳转功能。

12.4.2 利用 HBuilder 打包

接下来，我们进行 APP 开发的最后一个环节，利用 HBuilder 进行 APP 打包。

1. 概述

我们在将 APP 打包之前需要配置 APP 的一些基本信息。manifest.json 文件是 APP 的配置文件，用于指定应用名称、版本、图标、页面入口、启动图标及需要使用的设备权限等信息，用户可通过 HBuilder 的可视化界面视图或者源码视图来配置移动 APP 的信息。

2. 应用基本信息配置

在 HBuilder 中创建“移动 APP”应用后，都会在工程下生成 manifest.json 文件，在“项目管理器”中双击即可打开，如图 12-5 所示。

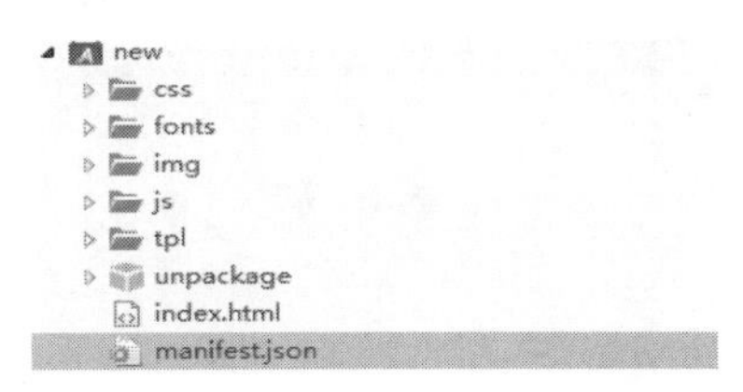

图 12-5

HBuilder 设置非常的人性化，HBuilder 打开 manifest.json 文件后，默认显示“可视化视图”，可配置应用的基本信息，如图 12-6 所示。

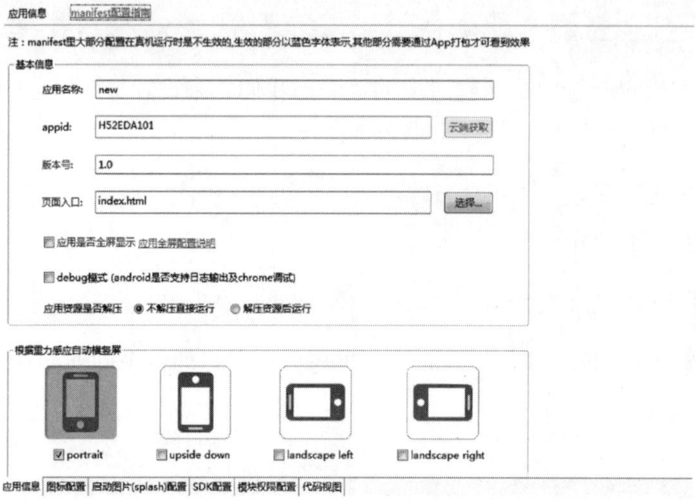

图 12-6

也可以点击窗口底部的“代码视图”切换到代码视图，进行基本信息的配置。代码视图如图 12-7 所示。

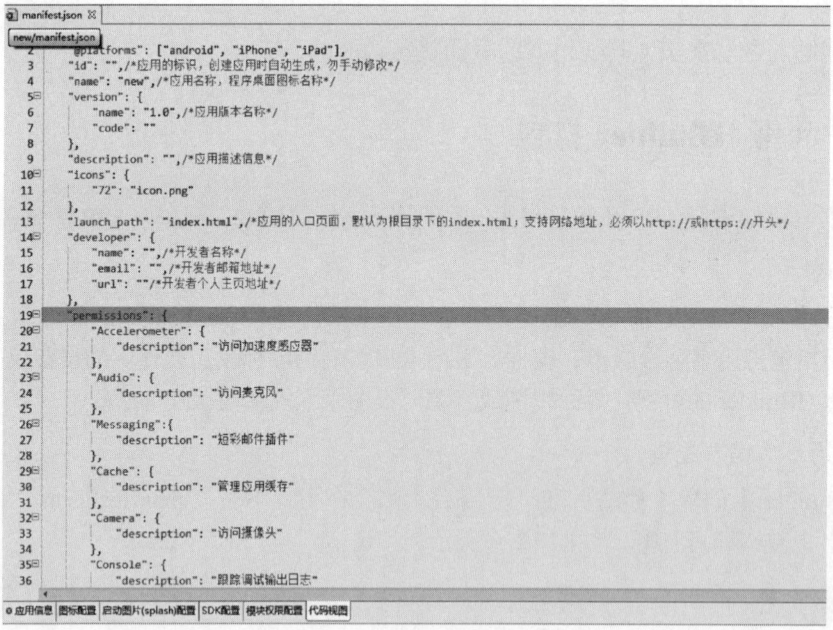

```
2      "@platforms": ["android", "iPhone", "iPad"],
3      "id": "",/*应用的标识，创建应用时自动生成，勿手动修改*/
4      "name": "new",/*应用名称，程序桌面图标名称*/
5      "version": {
6          "name": "1.0",/*应用版本名称*/
7          "code": ""
8      },
9      "description": "",/*应用描述信息*/
10     "icons": {
11         "72": "icon.png"
12     },
13     "launch_path": "index.html",/*应用的入口页面，默认为根目录下的index.html；支持网络地址，必须以http://或https://开头*/
14     "developer": {
15         "name": "",/*开发者名称*/
16         "email": "",/*开发者邮箱地址*/
17         "url": ""/*开发者个人主页地址*/
18     },
19     "permissions": {
20         "Accelerometer": {
21             "description": "访问加速度感应器"
22         },
23         "Audio": {
24             "description": "访问麦克风"
25         },
26         "Messaging":{
27             "description": "短彩邮件插件"
28         },
29         "Cache": {
30             "description": "管理应用缓存"
31         },
32         "Camera": {
33             "description": "访问摄像头"
34         },
35         "Console": {
36             "description": "跟踪调试输出日志"
```

图 12-7

3. 应用信息

应用信息包括应用的名称、appid、页面入口、版本信息等。

应用名称：APP 安装后在手机桌面上的快捷方式名称。

appid：HBuilder appid（应用标识），在创建时分配的，不可改的标识，可以从云端进行获取。

版本号：即应用的版本号，用户可通过 plus API（plus.runtime.version）获取应用的版本号，需提交 APP 云端打包后才能生效。

入口页面：应用启动后显示的首页即入口页面，默认为根目录下的 index.html；同样支持网络地址，必须是以 http://或者是 https://开头的。

代码视图如图 12-8 所示。

```
manifest.json
1  {
2      "@platforms": ["android", "iPhone", "iPad"],
3      "id": "",/*应用的标识，创建应用时自动生成，勿手动修改*/
4      "name": "new",/*应用名称，程序桌面图标名称*/
5      "version": {
6          "name": "1.0",/*应用版本名称*/
7          "code": ""
8      },
9      "description": "",/*应用描述信息*/
10     "icons": {
11         "72": "icon.png"
12     },
13     "launch_path": "index.html",/*应用的入口页面，默认为根目录下的index.html；支持网络地址，必须以http://或https://开头*/
14     "developer": {
15         "name": "",/*开发者名称*/
16         "email": "",/*开发者邮箱地址*/
17         "url": ""/*开发者个人主页地址*/
18     },
```

图 12-8

4. 重力感应

根据重力感应自动横竖屏显示。可以点击选择相应的按钮表示设备支持对应的旋转方向。重力选择按钮可以选择一个或者多个，选择多个方向后，应用根据重力感应按照指定的方向显示页面，如图 12-9 所示，选中其中的按钮，表示可以支持四个方向显示页面内容。

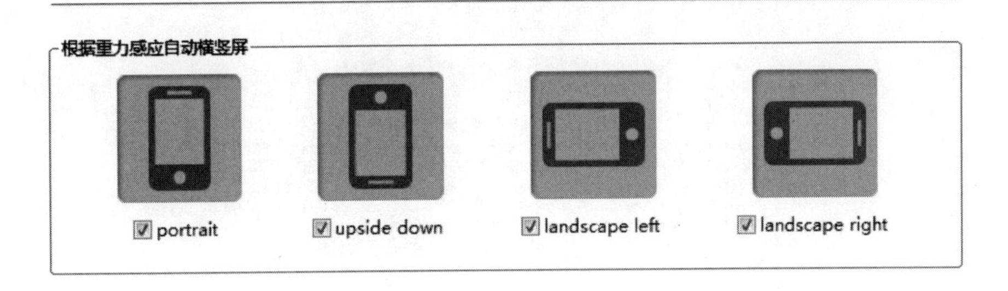

图 12-9

代码视图如图 12-10 所示。

根据重力感应自动横竖屏在 plus→distribute→orientation 下进行配置：

```
"orientation": ["portrait-primary","portrait-secondary","landscape-primary","landscape-secondary"],
/*应用支持的方向，portrait-primary：竖屏正方向；portrait-secondary：竖屏反方向；
landscape-primary：横屏正方向；* landscape-secondary：横屏反方向*/
```

图 12-10

5. 图标配置和启动图标配置

图标配置如图 12-11 所示。

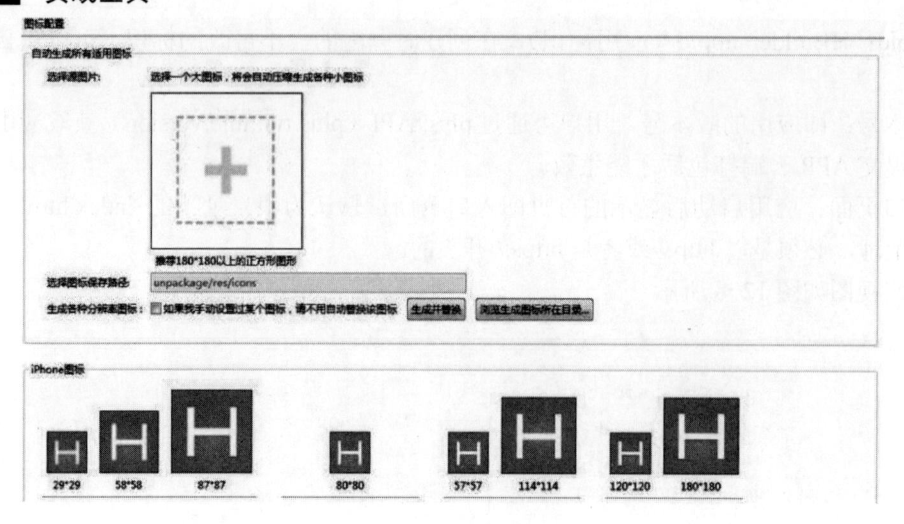

图 12-11

代码视图如图 12-12 所示。

（1）iOS 平台。iOS 平台应用图标配置在 plus→distribute→icons→ios 下进行配置：

```
"icons": {
    "ios": {
        "prerendered": true, /*应用图标是否已经高亮处理，在iOS6及以下设备上有效*/
        "auto": "", /*应用图标，分辨率：512x512，用于自动生成各种尺寸程序图标*/
        "iphone": {
            "normal": "", /*iPhone3/3GS程序图标，分辨率：57x57*/
            "retina": "", /*iPhone4程序图标，分辨率：114x114*/
            "retina7": "", /*iPhone4S/5/6程序图标，分辨率：120x120*/
"retina8": "", /*iPhone6 Plus程序图标，分辨率：180x180*/
            "spotlight-normal": "", /*iPhone3/3GS Spotlight搜索程序图标，分辨率：29x29*/
            "spotlight-retina": "", /*iPhone4 Spotlight搜索程序图标，分辨率：58x58*/
            "spotlight-retina7": "", /*iPhone4S/5/6 Spotlight搜索程序图标，分辨率：80x80*/
            "settings-normal": "", /*iPhone4设置页面程序图标，分辨率：29x29*/
            "settings-retina": "", /*iPhone4S/5/6设置页面程序图标，分辨率：58x58*/
"settings-retina8": "" /*iPhone6Plus设置页面程序图标，分辨率：87x87*/
        },
        "ipad": {
            "normal": "", /*iPad普通屏幕程序图标，分辨率：72x72*/
            "retina": "", /*iPad高分屏程序图标，分辨率：144x144*/
            "normal7": "", /*iPad iOS7程序图标，分辨率：76x76*/
            "retina7": "", /*iPad iOS7高分屏程序图标，分辨率：152x152*/
            "spotlight-normal": "", /*iPad Spotlight搜索程序图标，分辨率：50x50*/
            "spotlight-retina": "", /*iPad高分屏Spotlight搜索程序图标，分辨率：100x100*/
            "spotlight-normal7": "",/*iPad iOS7 Spotlight搜索程序图标，分辨率：40x40*/
            "spotlight-retina7": "",/*iPad iOS7高分屏Spotlight搜索程序图标，分辨率：80x80*/
            "settings-normal": "",/*iPad设置页面程序图标，分辨率：29x29*/
            "settings-retina": "" /*iPad高分屏设置页面程序图标，分辨率：58x58*/
        }
    },
```

图 12-12

（2）Android 平台。如图 12-13 所示，Android 平台应用图标配置在 plus→distribute→icons→android 下进行配置：

```
        "android": {
            "mdpi": "", /*普通屏启动图片，分辨率：240x282*/
            "ldpi": "", /*大屏启动图片，分辨率：320x442*/
            "hdpi": "", /*高分屏启动图片，分辨率：480x762*/
            "xhdpi": "", /*720P高分屏启动图片，分辨率：720x1242*/
            "xxhdpi": ""/*1080P高分屏启动图片，分辨率：1080x1882*/
        }
    }
```

图 12-13

启动图片配置代码视图如图 12-14 所示。

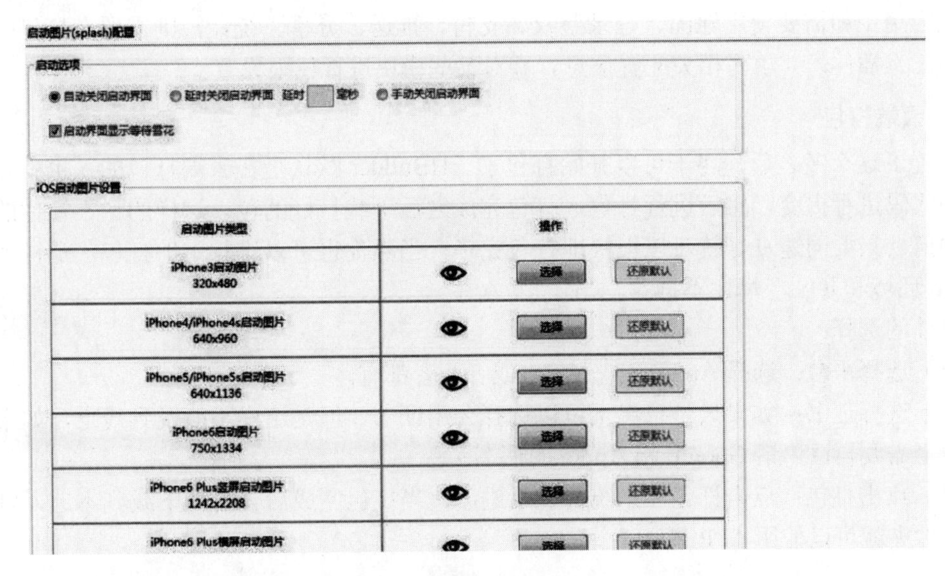

图 12-14

（1）iOS 平台。iOS 平台应用启动图片配置项在 plus→distribute→splashscreen→ios 下进行配置，如图 12-15 所示：

```
"splashscreen": {
    "ios": {
        "iphone": {
            "default": "", /*iPhone3启动图片选，分辨率：320x480*/
            "retina35": "",/*3.5英寸设备(iPhone4)启动图片，分辨率：640x960*/
            "retina40": "",/*4.0 英寸设备(iPhone5/iPhone5s)启动图片，分辨率：640x1136*/
            "retina47": "",/*4.7 英寸设备(iPhone6)启动图片，分辨率：750x1334*/
            "retina55": "",/*5.5 英寸设备(iPhone6 Plus)启动图片，分辨率：1242x2208*/
            "retina55l": ""/*5.5 英寸设备(iPhone6 Plus)横屏启动图片，分辨率：2208x1242*/
        },
        "ipad": {
            "portrait": "", /*iPad竖屏启动图片，分辨率：768x1004*/
            "portrait-retina": "",/*iPad高分屏竖屏图片，分辨率：1536x2008*/
            "landscape": "", /*iPad横屏启动图片，分辨率：1024x748*/
            "landscape-retina": "", /*iPad高分屏横屏启动图片，分辨率：2048x1496*/
            "portrait7": "", /*iPad iOS7竖屏启动图片，分辨率：768x1024*/
            "portrait-retina7": "",/*iPad iOS7高分屏竖屏图片，分辨率：1536x2048*/
            "landscape7": "", /*iPad iOS7横屏启动图片，分辨率：1024x768*/
            "landscape-retina7": ""/*iPad iOS7高分屏横屏启动图片，分辨率：2048x1536*/
        }
    },
```

图 12-15

（2）Android 平台。Android 平台应用启动图片配置项在 plus→distribute→splashscreen→android 下进行配置，如图 12-16 所示：

```
"android": {
    "mdpi": "", /*普通屏启动图片，分辨率：240x282*/
    "ldpi": "", /*大屏启动图片，分辨率：320x442*/
    "hdpi": "", /*高分屏启动图片，分辨率：480x762*/
    "xhdpi": "", /*720P高分屏启动图片，分辨率：720x1242*/
    "xxhdpi": ""/*1080P高分屏启动图片，分辨率：1080x1882*/
}
}
```

图 12-16

6. SDK 配置和模块权限限制

在应用中如需要使用地图、登录鉴权、支付、推送、分享、统计，则需要在打包时选择使用第三方插件，并填写相关配置信息。并对某些模块进行权限设置。

7. 云端打包

配置了这么多之后，终于可以开始打包了。HBuilder 默认是在云端打包的，也就是需要将你的代码进行提交，然后进行打包，打包完成之后下载打好的包，这样的话不管你的电脑配置如何，只要网速良好就可以很快地打包完毕，当然你也可以进行本地打包，那样就需要 Android 环境和 iOS 环境，不推荐。

具体的选择：

（1）选择平台：选择 Android 或 iOS，或者两者都有。

（2）选择证书：如果只是自己玩可以选择公用证书，但是这样不能发到线上，如果要发布到线上需要自己申请 Google 和 Apple 的证书。

（3）点击打包：点击打包，系统会显示进度，当打包完成后会自动下载到本地，打开包所在文件夹就可以使用 APP 了。

第 13 章 地理位置定位

本章重点知识

13.1 位置信息获取

在HTML5中，当请求一个位置信息时，如果用户同意，浏览器就会返回位置信息，而该位置信息是通过支持地理定位功能的底层设备（如笔记本电脑、手机）提供给浏览器的。位置信息由纬度、经度坐标和一些其他元数据组成。例如法国巴黎的位置信息主要由一对纬度和经度坐标组成：北纬42° 51'36"，东经2° 20'24"。

经纬度坐标有两种表示方式：十进制格式（例如39.9）和DMS（Degree Minute Second，角度）格式（例如 39° 54'20"）。HTML5 Geolocation API返回的坐标格式为十进制格式。除了纬度和经度坐标，HTML5 Geolocation还提供位置坐标的准确度。此外，它还会提供其他一些元数据，比如海拔、海拔准确度、行驶方向和速度等，具体情况取决于浏览器所在的硬件设备。

位置信息一般从如下数据源获得：

- IP 地址；
- 三维坐标：GPS（Global Positioning System，全球定位系统）、Wi-Fi、手机信号；
- 用户自定义数据。

它们各有优缺点，为了保证更高的准确度，许多设备使用多个数据源组合的方式，如表13-1所示。

表 13-1

数 据 源	优　　点	缺　　点
IP 地址	任何地方都可用在服务器端处理	不精确（经常出错，一般只能精确到城市级）,运算代价大
GPS	很精确	定位时间长，耗电量大,室内效果差,需要额外硬件设备支持
Wi-Fi	精确,可在室内使用,简单、快捷	在乡村之类 Wi-Fi 接入点少的地区无法使用
手机信号	相当准确,可在室内使用,简单、快捷	需要能够访问手机或其 modem 设备
用户自定义	用户自行输入可能比自动检测更快	可能很不准确，特别是当用户位置变更后

13.2 浏览器支持情况

各浏览器对HTML5 Geolocation的支持程度不同，并且还在不断更新中。好消息是在HTML5的所有功能中，HTML5 Geolocation是第一批被全部接受和实现的功能之一，相关规范已经达到一个非常成熟的阶段，不会再做太大改变。

由于浏览器对它的支持程度不同，在使用之前最好先检查浏览器是否支持HTML5 Geolocation API。后面将讲解如何检查浏览器是否支持此功能。本书中所有示例程序都已在Firefox上运行测试成功，如表13-2所示。

表 13-2

浏览器	支持情况
Firefox	3.5 及以上版本支持
Chrome	在带有 Gears 的第 2 版 Chrome 中被支持
Internet Explorer	通过 Gears 插件支持
Opera	在版本 10 中支持
Safari	在版本 4 中支持以实现在 iPhone 上可用

13.3 隐私

HTML5 Geolocation 规范提供了一套保护用户隐私的机制。必须先得到用户的明确许可，才能获取用户的位置信息。不过，从可接触到的 HTML5 Geolocation 应用程序示例中可以看到，开发者通常会鼓励用户共享这些信息。例如，午餐时间到了，如果应用程序可以让用户知道附近餐馆的特色菜及其价格和评论，那么用户就会觉得共享他们的位置信息是可以接受的。

因为位置数据属于敏感信息，所以接收到之后，必须小心地处理、存储和重传。如果用户没有授权存储这些数据，那么应用程序应该在相应任务完成后立即删除它。如果要重传位置数据，建议对其进行加密。

13.4 HTML5 Geolocation API

本节将详细介绍 HTML5 Geolocation API 的使用方法。

在调用 HTML5 Geolocation API 函数前，需要确保浏览器支持此功能。当浏览器不支持时，可以提供一些替代文本，以提示用户升级浏览器或安装插件（如 Gears）来增强现有浏览器功能。

检查浏览器支持性，代码如下：

```
function testSupport() {
  if (navigator.geolocation) {
    document.getElementById("support").innerHTML = " 支 持 HTML5 Geolocation。";
  } else {
    document.getElementById("support").innerHTML =
"该浏览器不支持 HTML5 Geolocation ！建议升级浏览器或安装插件（如 Gears）。";
  }
}
```

在 HTML5 Geolocation 功能中，位置请求有两种：

- 单次定位请求；

● 重复性位置更新请求。

单次位置请求：在许多应用中，只检索或请求一次用户位置即可，例如前面提到的午餐时间到了，要查询用户附近餐馆的特色菜及其价格和评论。

单次定位请求 API，代码如下。

```
        getCurrentPosition(updateLocation,      optional      handleLocationError,
optional options);
```

这个函数接收一个必选参数和两个可选参数。必选参数 updateLocation 为浏览器指明位置数据可用时应调用的函数。获取位置操作可能需要较长时间才能完成，用户不希望在检索位置时浏览器被锁定，这个参数就是异步收到实际位置信息后，进行数据处理的地方。它同时作为一个函数，只接收一个参数：位置对象 position。这个对象包含坐标（coords）和一个获取位置数据时的时间戳，许多重要的位置数据都包含在 coords 中，比如：

● latitude（纬度）；
● longitude（经度）；
● accuracy（准确度）。

毫无疑问，这三个数据是最重要的位置数据。latitude 和 longitude 包含 HTML5 Geolocation 服务测定的十进制用户位置。accuracy 以 m 为单位制定纬度和经度值与实际位置间的差距。局限于 HTML5 Geolocation 的实现方式，位置只能是粗略的近似值。在呈现返回值前请一定要检查返回值的准确度。如果推荐的所谓“附近的”餐馆，实际上要耗费用户几个小时的路程，那就不好了。

坐标可能还包含其他一些数据，不能保证浏览器对其都支持，如果不支持则返回 null。

● altitude：海拔高度，以 m 为单位；
● altitudeAccuracy：海拔高度的准确度，以 m 为单位；
● heading：行进方向，相对于正北而言；
● speed：速度，以 m/s 为单位。

updateLocation() 函数使用示例代码如下。

```
        function updateLocation(position) {
          var latitude = position.coords.latitude;
          var longitude = position.coords.longitude;
          var accuracy = position.coords.accuracy;

          document.getElementById("纬度").innerHTML = latitude;
          document.getElementById("经度").innerHTML = longitude;
          document.getElementById("准确度").innerHTML = accuracy + "米";
        }
```

可选参数 handleLocationError 为浏览器指明出错处理函数。位置信息请求可能因为一些不可控因素失败，这时，您需要在这个函数中提供对用户的解释。幸运的是，该 API 已经定义了所有需要处理的错误情况的错误编号。错误编号 code 设置在错误对象中，错误对象作为 error 参数传递给错误处理程序。这些错误编号包括以下内容

● UNKNOWN_ERROR (0)：不包括在其他错误编号中的错误，需要通过 message 参数

查找错误的详细信息；

- PERMISSION_DENIED (1)：用户拒绝浏览器获得其位置信息；
- POSITION_UNVAILABLE (2)：尝试获取用户信息失败；
- TIMEOUT (3)：在 options 对象中设置了timeout值，尝试获取用户位置超时。

在这些情况下，您可以通知用户应用程序运行出了什么问题。

错误处理函数代码如下。

```
function handleLocationError(error) {
  switch (error.code) {
    case 0:
    updateStatus("尝试获取您的位置信息时发生错误：" + error.message);
    break;
    case 1:
    updateStatus("用户拒绝了获取位置信息请求。");
    break;
    case 2:
    updateStatus("浏览器无法获取您的位置信息。");
    break;
    case 3:
    updateStatus("获取您位置信息超时。");
    break;
  }
}
```

可选参数options对象可以调整 HTML5 Geolocation 服务的数据收集方式。该对象有三个可选参数。

- enableHighAccuracy：如果启动该参数，浏览器会启动HTML5 Geolocation服务的高精确度模式，这将导致机器花费更多的时间和资源来确定位置，应谨慎使用。默认值为false；
- timeout：单位为ms，告诉浏览器获取当前位置信息所允许的最长时间。如果在这个时间段内未完成，就会调用错误处理程序。默认值为Infinity，即无穷大（无限制）；
- maximumAge：以ms为单位，表示浏览器重新获取位置信息的时间间隔。默认值为0，这意味着浏览器每次请求时必须立即重新计算位置。

包含options的更新位置请求代码如下。

```
    navigator.geolocation.getCurrentPosition(updateLocation,
handleLocationError, {timeout: 10000});
```

这个调用告诉HTML5 Geolocation 当获取位置请求的处理时间超过 10s（10000ms）时触发错误处理程序，这时，error code 应该是 3。

重复性位置更新请求：有时候，仅获取一次用户位置信息是不够的。比如用户正在移动，随着用户的移动，页面应该能够不断更新显示附近的餐馆信息，这样的信息才对用户有意义。幸运的是，HTML5 Geolocation 服务的设计者已经考虑到了这一点，应用程序可以使用如下 API 进行重复性位置更新请求，当监控到用户的位置发生变化时，HTML5

Geolocation 服务就会重新获取用户的位置信息，并调用 updateLocation() 函数处理新的数据，及时通知用户。

重复性位置更新请求 API 代码如下。

```
    watchPosition(updateLocation,optionalhandleLocationError,optionaloptions);
```

这个函数的参数跟前面提到的getCurrentPosition函数的参数一样，不再赘述。

watchPosition和clearWatch的使用：

```
    var watchId=navigator.geolocation.watchPosition(updateLocation,handle
Location Error);
     // 基于持续更新的位置信息实现一些功能…
     // 停止接收位置更新消息
     navigator.geolocation.clearWatch(watchId);
```

13.5 构建应用

本节将介绍如何用刚刚介绍的“重复性位置更新请求”构建一个简单有用的 Web 应用程序：距离跟踪器。通过此应用程序可以了解到HTML5 Geolocation API 的强大之处。

想要快速确定在一定时间内的行走距离，通常可以使用GPS导航系统或计步器这样的专业设备。基于HTML5 Geolocation提供的强大服务，我们可以创建一个网页来跟踪从网页被加载的地方到目前所在位置所经过的距离。虽然它在台式机上不大实用，但在手机上运行是非常理想的。只要在手机浏览器中打开这个示例页面并授予其位置访问的权限，每隔几秒钟，应用程序就会更新计算走过的距离。

在此实例中使用的watchPosition()函数刚刚在前文中介绍过。每当有新的位置返回，就将其与上次保存的位置进行比较以计算距离。距离计算使用著名的Haversine公式来实现，这个公式能够根据经纬度计算地球上两点间的距离。

Haversine公式的Javascript实现，代码如下。

```
    function toRadians(degree) {
       return this * Math.PI / 180;
    }
    function distance(latitude1, longitude1, latitude2, longitude2) {
       // R 是地球半径（KM）
       var R = 6371;
       var deltaLatitude = toRadians(latitude2-latitude1);
       var deltaLongitude = toRadians(longitude2-longitude1);
       latitude1 = toRadians(latitude1);
       latitude2 = toRadians(latitude2);
       var a = Math.sin(deltaLatitude/2) *
              Math.sin(deltaLatitude/2) +
              Math.cos(latitude1) *
              Math.cos(latitude2) *
              Math.sin(deltaLongitude/2) *
```

```
            Math.sin(deltaLongitude/2);
    var c = 2 * Math.atan2(Math.sqrt(a), Math.sqrt(1-a));
    var d = R * c;
    return d;
}
```

其中distance()函数用来计算两个经纬度位置间的距离，我们可以定期检查用户的位置，并调用这个函数来得到用户的近似移动距离。这里有一个假设，即用户在每个区间上都是直线移动的。

过滤不准确的位置更新数据：

```
// 如果accuracy的值太大，我们认为它不准确，不用它计算距离
  if (accuracy >= 500) {
  updateStatus("这个数据太不靠谱，需要更准确的数据来计算本次移动距离。");
  return;
}
```

最后，我们来计算移动距离。假设前面已经至少收到了一个准确的位置，我们将更新移动的总距离并显示给用户，同时还存储当前数据以备后面的比较。

```
// 计算移动距离 if ((lastLat != null) && (lastLong != null)) {
   var currentDistance = distance(latitude, longitude, lastLat, lastLong);
   document.getElementById("本次移动距离").innerHTML =
"本次移动距离: " + currentDistance.toFixed(4) + " 千米";
   totalDistance += currentDistance;
   document.getElementById("总计移动距离").innerHTML =
"总计移动距离: " + currentDistance.toFixed(4) + " 千米";
   }
   lastLat = latitude;
   lastLong = longitude;
   updateStatus("计算移动距离成功。");
}
```

用这么简短的不到150行的HTML和脚本代码，我们就构建了一个能够持续监控用户位置变化的示例应用程序，几乎完整地演示了 Geolocation API 的使用。您也不妨把它放到您支持地理位置定位的手机或移动设备上，看看一天大概能走多少路吧，这是不是很有趣呢？

13.6 百度地图 API

基于地理位置定位的应用开发，还有一个很有趣的领域，就是百度地图的开放 API 接口，利用百度地图的大众版 API，我们可以制作包括全景图展示、热力图和个性化地图，本地检索、周边检索、区域检索、公交检索、驾车检索、实时交通等有趣的应用。适当地选取百度地图提供的某个模块的功能，嵌入到我们自己的页面中，会带来很好的用户体验。

接下来我们简单介绍一下百度地图 API 的使用流程。

首先,我们需要申请使用百度地图需要的密钥，访问 http://www.developer.baidu.com/

map/index.php，点击右上角登录，输入我们的百度账号，登录成功后，点击右上角的 API 控制台，点击创建应用，提交之后点击查看应用，找到密钥。接下来，创建任意HTML页面，在其中引入百度的 API js 文件。

密钥的使用方法如下：

```
<script src="http://api.map.baidu.com/api?v=1.5&ak= 您 的 密 钥 "  type="
text/Javascript"></script>
```

其中参数 v 为 API 当前的版本号，目前最新版本为 1.5。在 1.2 版本之前您还可以设置services参数，以告知API是否加载服务部分，true表示加载，false表示不加载，默认为true。

地图 API 是由 Javascript 语言编写的，您在使用之前需要通过<script>标签将 API 引用到页面中：

- 使用 V1.4 及以前版本的引用方式：

```
<script src="http://api.map.baidu.com/api?v=1.4"type="text/Javascript"></script>
```

- 使用 V1.5 版本的引用方式：

```
<script src="http://api.map.baidu.com/api?v=1.5&ak= 您 的 密 钥 "  type="text/
Javascript"></script>
```

其中参数 v 为 API 当前的版本号，目前最新版本为 1.45。在 1.2 版本之前，您还可以设置services参数，以告知API是否加载服务部分，true表示加载，false表示不加载，默认为true。

接下来我们就可以在我们自己的 JS 中调用百度地图的 API 了，大家可以访问http://developer.baidu.com/map/jsdemo.htm#a1_2 在这个示例页面中，百度为我们提供了详尽的示例。

第 14 章

微信游戏开发

本章重点知识

14.1 微信二次开发平台简介
14.2 微信二次开发原理
14.3 微信二次开发步骤
14.4 自动回复功能示例
14.5 微信游戏开发技术背景
14.6 微信游戏推送方式
14.7 像素鸟游戏以及布局
14.8 像素鸟效果实现

14.1 微信二次开发平台简介

微信开发即微信公众平台开发，将企业信息、服务、活动等内容通过微信网页的方式进行表现。用户通过简单的设置，就能生成微信3G网站，通过微信公众平台将企业品牌展示给微信用户，可以减少宣传成本，建立企业与消费者、客户的一对一互动和沟通，将消费者接入企业客户管理系统，进行促销、推广、宣传、售后等活动，进而形成了一种线上线下微信互动营销的方式。

通过二次开发可以将公众账号由一个媒体型营销工具转化成提供服务的产品，而一旦成为用户需要的产品，公众账号的营销功能便会开启。

微信的核心是通信工具，这一工具属性将用户牢牢地黏在了平台之上。用户和企业可以非常方便地在上面进行沟通，所以微信很自然地就成了企业的客户管理系统平台，这也给了企业将服务引入平台的机会。事实上，除了CRM，很多企业开始尝试根据客户场景化需求引入直接交易，这种方式在微信营销里不再是隔靴搔痒的品牌宣传。

14.2 微信二次开发原理

微信二次开发其实就是将微信服务器作为一个转发服务器。当我们的终端，包括手机，平板发起请求到微信服务器的时候，微信服务器这时会将这个请求转给我们的自定义服务，微信提供了很多的服务，例如：群发功能、自定义菜单、自动回复等免费服务。当请求到达自定义服务之后，微信会将最终的响应反馈给用户。

- 通信的协议：HTTP 协议；
- 数据的格式：XML。

14.3 微信二次开发步骤

进行微信开放平台开发的步骤：

（1）要进行微信二次开发，首先你需要有微信号，所以第一步你必须有微信开发者账号。

在百度搜索微信公众平台，点击注册。注意选择类型时，选择订阅号，主体类型选择个人,以及真实的身份证信息，如图 14-1 所示。

（2）注册成功后，相当于你现在是有一个微信公众号，但是微信只提供一些基础的服务。如果你想拥有更多的服务和功能，你需要自己进行开发，微信会给你提供大量的接口。登录个人公众平台中心，选择开发者中心，即可成为开发者。

（3）成为开发者之后，你要进行二次开发，比如你需要群发消息、自动回复之类的，你必须有自己的服务器，微信无法给每个用户提供服务器，所以你需要自己去租用百度或者其他的服务器，在这里我们以百度为例。

在百度上，搜索百度开放云平台，然后注册百度开放云用户。注册成功以后，登录百度开放云。然后购买服务器，找到服务类别里面的应用引擎 BAE。在这里你需要实名认证，如图 14-2 所示。点击认证，进行实名认证。此认证需要 1～2 个工作日。

认证成功之后，你就可以购买自己的服务器了，在应用引擎里添加部署。也就是在整个服务器里，建立自己的域名，如图 14-3 所示。

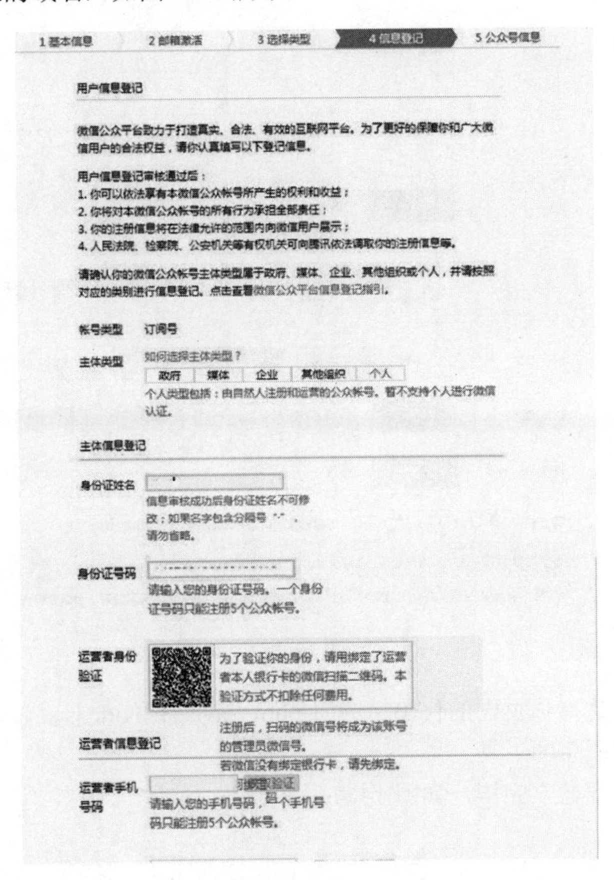

1 基本信息　2 邮箱激活　3 选择类型　4 信息登记　5 公众号信息

用户信息登记

微信公众平台致力于打造真实、合法、有效的互联网平台。为了更好的保障你和广大微信用户的合法权益，请你认真填写以下登记信息。

用户信息登记审核通过后：
1. 你可以依法享有本微信公众帐号所产生的权利和收益；
2. 你将对本微信公众帐号的所有行为承担全部责任；
3. 你的注册信息将在法律允许的范围内向微信用户展示；
4. 人民法院、检察院、公安机关等有权机关可向腾讯依法调取你的注册信息等。

请确认你的微信公众帐号主体类型属于政府、媒体、企业、其他组织或个人，并请按照对应的类别进行信息登记。点击查看微信公众平台信息登记指引。

帐号类型　订阅号

主体类型　如何选择主体类型？
政府　媒体　企业　其他组织　个人
个人类型包括：由自然人注册和运营的公众帐号。暂不支持个人进行微信认证。

主体信息登记

身份证姓名
信息审核成功后身份证姓名不可修改；如果名字包含分隔号"·"，请勿省略。

身份证号码
请输入您的身份证号码。一个身份证号码只能注册5个公众帐号。

运营者身份验证
为了验证你的身份，请用绑定了运营者本人银行卡的微信扫描二维码。本验证方式不扣除任何费用。
注册后，扫码的微信号将成为该账号的管理员微信号。
若微信没有绑定银行卡，请先绑定。

运营者信息登记

运营者手机号码　获取验证码
请输入您的手机号码，一个手机号码只能注册5个公众帐号。

图 14-1

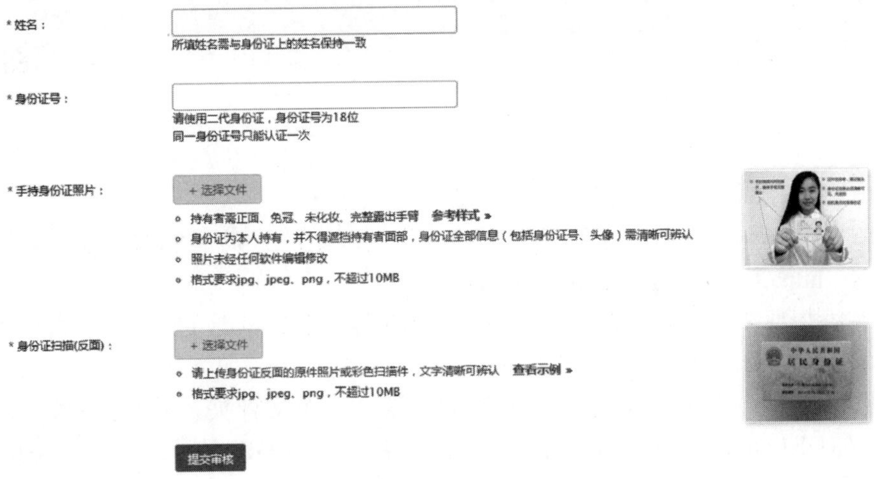

* 姓名：
所填姓名需与身份证上的姓名保持一致

* 身份证号：
请使用二代身份证，身份证号为18位
同一身份证号只能认证一次

* 手持身份证照片：
+ 选择文件
- 持有者需正面、免冠、未化妆、完整露出手臂　参考样式 »
- 身份证为本人持有，并不得遮挡持有者面部，身份证全部信息（包括身份证号、头像）需清晰可辨认
- 照片未经任何软件编辑修改
- 格式要求jpg、jpeg、png，不超过10MB

* 身份证扫描(反面)：
+ 选择文件
- 请上传身份证反面的原件照片或彩色扫描件，文字清晰可辨认　查看示例 »
- 格式要求jpg、jpeg、png，不超过10MB

提交审核

图 14-2

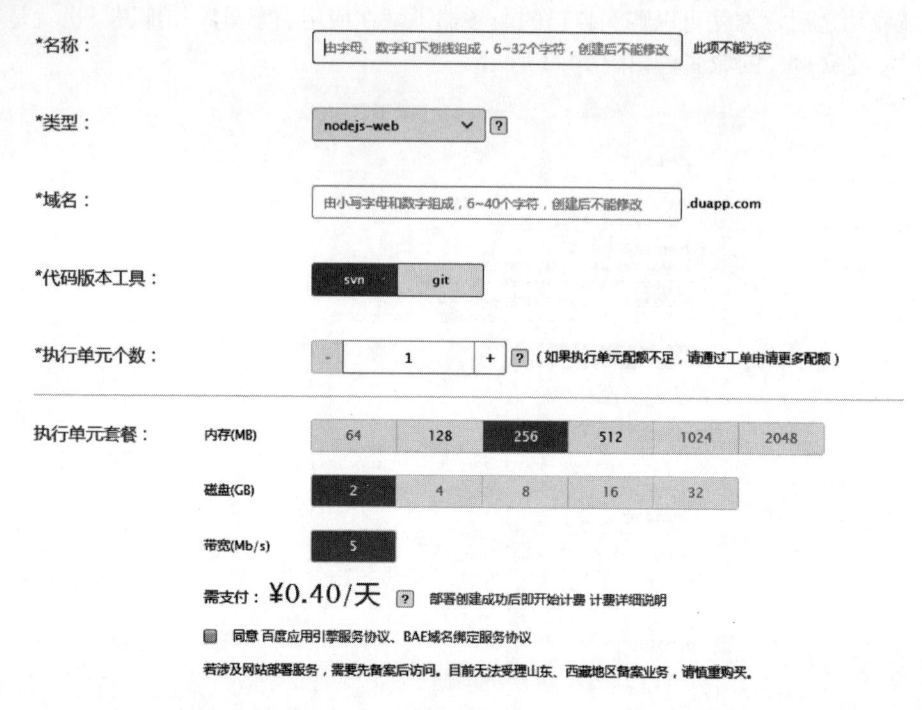

图 14-3

在类型里你可以选择你页面的代码，例如 php、java 和 node.js。在版本工具里，你要选择本地和服务器进行联系的工具。

到这一步，服务器建立完毕，如图 14-4 所示。

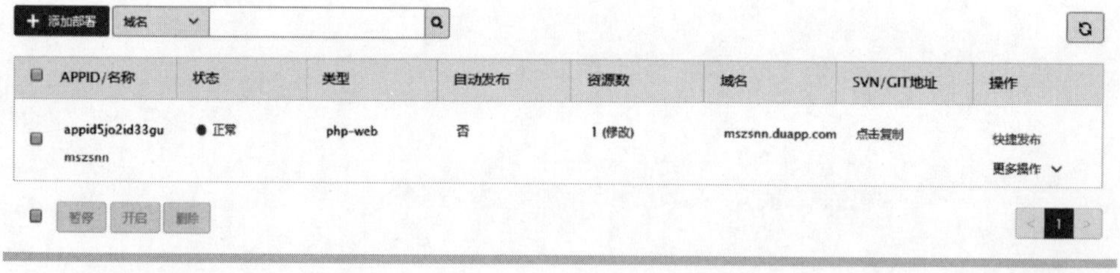

图 14-4

（4）将服务器和本地建立联系

如果在添加部署的时候，选择的服务器与本地联系的方式是 SVN，那么就需要下载 tortoiseSVN：http://tortoisesvn.net/downloads.html。

如果在添加部署的时候，选择的服务器与本地联系的方式是 github，那么你需要下载 github：http://github-for-Windows.en.softonic.com。

在这里以 SVN 为例：安装了 svn 以后，选择一个文件夹，然后右键，选择 SVN checkout，在 URL of repository 文本框中填写在部署里 SVN/GIT 的地址，然后点击 OK，如图 14-5 所示。

你会看到文件夹里有了一个 index.php 的一个文件，这个文件是你的服务器默认打开的首页。

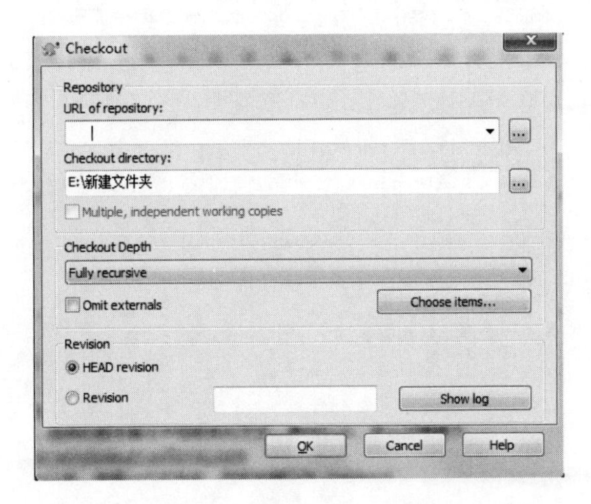

图 14-5

（5）有了自己的服务器，但是要和微信进行联系，就需要对微信的服务器进行配置，需要设置 TOKEN，然后和微信进行对接。所以用户需要下载对接的源码，并且上传到服务器上，然后微信就可以和服务器建立联系，如图 14-6 所示。

URL：百度云平台里的部署域名，就相当于门牌号。

TOKEN：就像是钥匙。微信和服务器联系的暗号。

注：在这之前需补全自己的基本信息，至少需要上传头像。

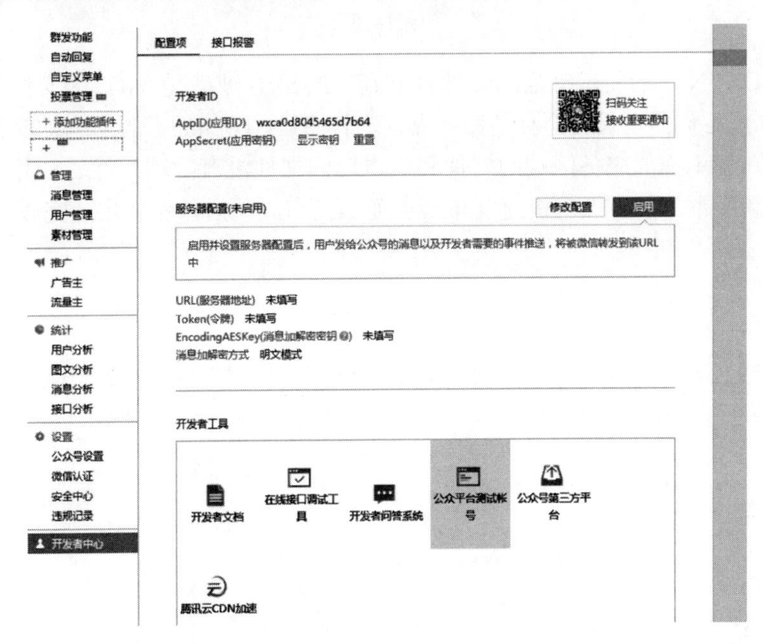

图 14-6

服务器：开发者工具里有开发者文档，打开开发者文档，开发者必读→接入指南。请详细阅读接入指南。然后下载 PHP 代码示例，如图 14-7 所示。

1. 将token、timestamp、nonce三个参数进行字典序排序
2. 将三个参数字符串拼接成一个字符串进行sha1加密
3. 开发者获得加密后的字符串可与signature对比，标识该请求来源于微信

检验signature的PHP示例代码：

```
private function checkSignature()
{
	$signature = $_GET["signature"];
	$timestamp = $_GET["timestamp"];
	$nonce = $_GET["nonce"];

	$token = TOKEN;
	$tmpArr = array($token, $timestamp, $nonce);
	sort($tmpArr, SORT_STRING);
	$tmpStr = implode( $tmpArr );
	$tmpStr = sha1( $tmpStr );

	if( $tmpStr == $signature ){
		return true;
	}else{
		return false;
	}
}
```

PHP示例代码下载：下载

图 14-7

打开 PHP 代码示例之后，修改 TOKEN，如图 14-8 所示。

```
//define your token
define("TOKEN", "在这里填写你自己定义的TOKEN");
$wechatObj = new wechatCallbackapiTest();
$wechatObj->valid();
```

图 14-8

定义好 TOKEN,然后将改动后的文件复制到你的SVN或者是 GIT 的文件夹里，并且改名为 index.php,然后你需要长传至你的服务器，右键 SVN commit，当所有的文件有绿色对勾的标示的时候，表示你的服务区端的文件和你本地的文件没有改动。然后打开百度服务器部署，会发现有新版本，然后点击快捷发布，当提示发布成功后，这一步就完成了，如图 14-9 所示。

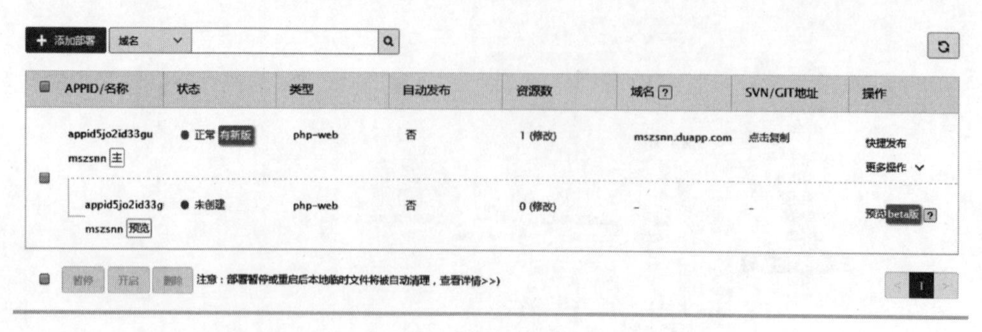

图 14-9

（6）返回微信开发者中心，点击修改服务器配置，在这里配置 TOKEN，以及百度云服务器的域名，然后点击提交，提示验证成功即可。至此，就可以进行微信平台的二次开发了，如图 14-10 所示。

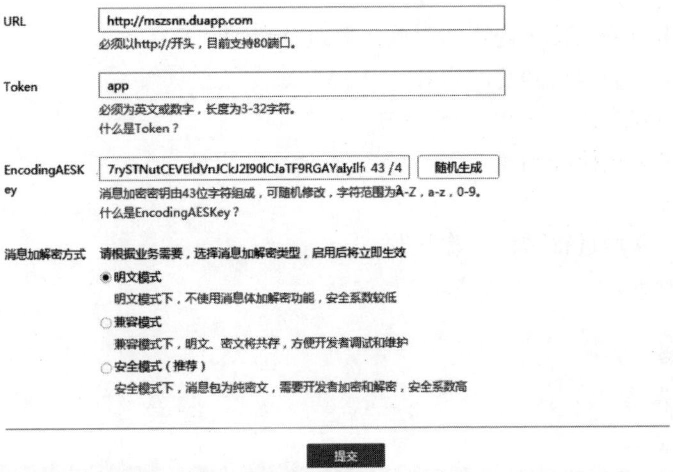

URL http://mszsnn.duapp.com
必须以http://开头，目前支持80端口。

Token app
必须为英文或数字，长度为3-32字符。
什么是Token？

EncodingAESKey 7rySTNutCEVEldVnJCkJ2I90lCJaTF9RGAYalyIlf 43 /4 随机生成
消息加密密钥由43位字符组成，可随机修改，字符范围为A-Z，a-z，0-9。
什么是EncodingAESKey？

消息加解密方式 请根据业务需要，选择消息加解密类型，启用后将立即生效
明文模式
明文模式下，不使用消息体加解密功能，安全系数较低
兼容模式
兼容模式下，明文、密文将共存，方便开发者调试和维护
安全模式（推荐）
安全模式下，消息包为纯密文，需要开发者加密和解密，安全系数高

提交

图 14-10

14.4 自动回复功能示例

在配置好了微信开发所需要的接口之后，这次我们实现一个自动回复消息的示例。

进入微信公众平台，选择自动回复，如图 14-11 所示。

图 14-11

（1）确保你已经有资格进行微信二次开发，要进行消息自动回复，你需要做的是自定义遇到什么类型的消息，要进行自定义回复。比如：被添加关注、关键字自动回复、消息自动回复。在这里我们选择关键字消息回复。

规则名：你所要自定义的自动回复的名字；
关键字：当用户输入什么内容的时候需要进行自动回复；
回复：你自定义的自动回复的内容。
在这里示例内容为：
自定义规则名：打招呼回复；
关键字：你好；
回复：你好！欢迎进行微信二次开发。
如图 14-12 所示。

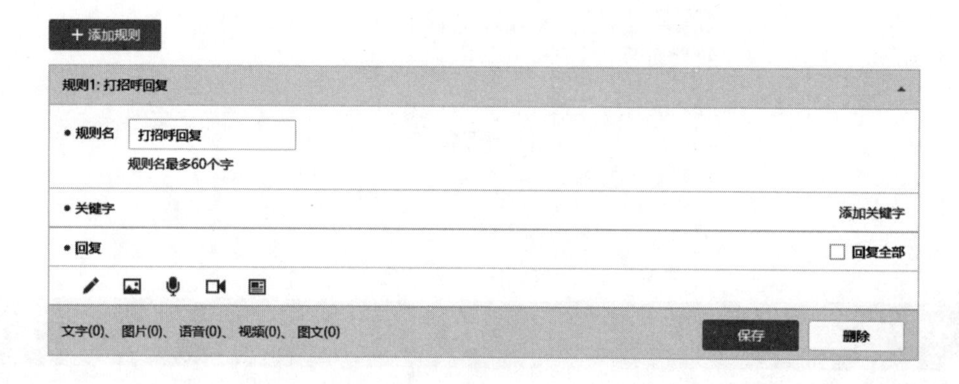

图 14-12

（2）在保存了之后，基本设置就已经创建完成了。这时候我们模拟用户去访问，当然前提是需要用户先关注本微信公众号，在打开了对话框之后，用户键入“你好”，那么就可以看到自动回复了“你好！欢迎进行微信二次开发。”效果如图 14-13 所示。

图 14-13

14.5 微信游戏开发技术背景

作为最新版的网页协议标准，在对于游戏开发方面，HTML5 最大的优点就是对于现在的智能移动终端设备的良好支持性。为了这一目的，W3C 甚至专门成立了 DeviceAPI 工作组，为 HTML5 添加了对智能移动设备例如 GPS 和各种硬件感应器功能的 API 支持，以至于让 HTML5 能够在移动设备上大放异彩。

为了开发微信游戏，你需要了解的技术包括：JavaScript、HTML、CSS 以及移动终端的相关知识。

14.6 微信游戏推送方式

在 14.4 节介绍的关于消息回复的基础上，实现微信游戏的推送，选择自定义的菜单回复，如图 14-14 所示。

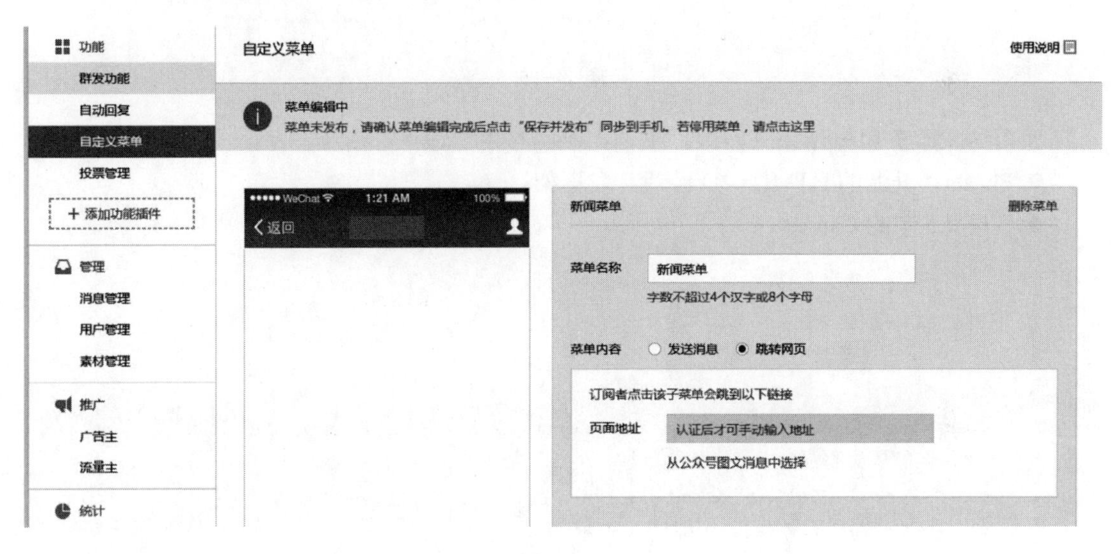

图 14-14

（1）在申请成为微信开发者的时候，我们已经具有了自己的服务器，在编写完成游戏的代码之后，只需将游戏提交在服务器端，获取到链接地址 URL。

（2）选择了自定义菜单之后，我们可以自定义菜单的名称，当然，你可以定义为游戏的名称。然后选择跳转网页，只需要将链接的 URL 地址填写即可。当访客选择此菜单，即可收到推送的游戏。

14.7 像素鸟游戏以及布局

《Flappy Bird》是一款由来自越南的独立游戏开发者Dong Nguyen 开发的作品，游戏于 2013 年 5 月 24 日上线，并在 2014 年 2 月爆红。游戏中玩家必须控制一只小鸟，跨越由各种不同长度水管所组成的障碍，如图 14-15 所示。

图 14-15

像素鸟，即仿 Flappy Bird 游戏，主要用到的技术点如下：

- Phaser：开源的 HTML5 2D 游戏开发框架；
- HTML5 中的 Canvas。

代码展示：

```
<!DOCTYPE HTML>
<html>
<head>
<meta content="yes" name="APPle-mobile-Web-APP-capable"/>
<!--删除默认的苹果工具栏和菜单栏。-->
<meta content="yes" name="APPle-touch-fullscreen"/>
<!--"添加到主屏幕“后，全屏显示-->
<meta content="black" name="APPle-mobile-Web-APP-status-bar-style">
<!--作用是控制状态栏显示样式-->
<meta    content="width=device-width,    initial-scale=1.0,    maximum-
scale=1.0, user-scalable=no" name="vIEwport" />
<!--width:可视区域的宽度，值可为数字或关键词 device-width
height:同 width
intial-scale:页面首次被显示是可视区域的缩放级别，取值 1.0 则页面按实际尺寸显示，无
任何缩放
maximum-scale=1.0, minimum-scale=1.0;可视区域的缩放级别，
maximum-scale 用户可将页面放大的程序，1.0 将禁止用户放大到实际尺寸之上。
user-scalable:是否可对页面进行缩放，no 禁止缩放-->
<meta charset="utf-8" />
<title>flAPPy bird</title>
<style>
```

```
body,p,div{ margin: 0; padding: 0; }
canvas{ margin:0 auto;}
/*在 phaser 中用到了 Canvas*/
</style>
<script src="js/phaser.min.js"></script>
<!--Phaser 是一款专门用于桌面及移动 HTML5 2D 游戏开发的开源免费框架，-->
</head>
<body>
<div id="game" style="margin:0px"></div>
<script src="js/game.js"></script>
<!--具体的游戏实现 JS-->
</body>
</html>
```

14.8 像素鸟效果实现

game.js 代码如下：

```
var game = new Phaser.Game(320,505,Phaser.AUTO,'game'); //实例化 game
game.States = {}; //存放 state 对象

game.States.boot = function(){
this.preload = function(){
if(!game.device.desktop){//移动设备适应
this.scale.scaleMode = Phaser.ScaleManager.EXACT_FIT;
this.scale.forcePortrait = true;
this.scale.refresh();
}
game.load.image('loading','assets/preloader.gif');
};
this.create = function(){
game.state.start('preload'); //跳转到资源加载页面
};
}

game.States.preload = function(){
this.preload = function(){
var preloadSprite = game.add.sprite(35,game.height/2,'loading'); //创
建显示 loading 进度的 sprite
game.load.setPreloadSprite(preloadSprite);
//以下为要加载的资源
game.load.image('background','assets/background.png'); //背景
game.load.image('ground','assets/ground.png'); //地面
game.load.image('title','assets/title.png'); //游戏标题
game.load.spritesheet('bird','assets/bird.png',34,24,3); //鸟
game.load.image('btn','assets/start-button.png'); //按钮
```

```
        game.load.spritesheet('pipe','assets/pipes.png',54 ,320,2); //管道
        game.load.bitmapFont('flAPPy_font',
'assets/fonts/flAPPyfont/flAPPyfont.png',
'assets/fonts/flAPPyfont/flAPPyfont.fnt');
        game.load.audio('fly_sound', 'assets/flap.wav');//飞翔的音效
        game.load.audio('score_sound', 'assets/score.wav');//得分的音效
        game.load.audio('hit_pipe_sound', 'assets/pipe-hit.wav'); //撞击管道的音效
        game.load.audio('hit_ground_sound', 'assets/ouch.wav'); //撞击地面的音效

        game.load.image('ready_text','assets/get-ready.png');
        game.load.image('play_tip','assets/instructions.png');
        game.load.image('game_over','assets/gameover.png');
        game.load.image('score_board','assets/scoreboard.png');
        }
        this.create = function(){
        game.state.start('menu');
        }
        }

        game.States.menu = function(){
        this.create = function(){
        game.add.tileSprite(0,0,game.width,game.height,'background').autoScrol
l(-10,0); //背景图
        game.add.tileSprite(0,game.height-
112,game.width,112,'ground').autoScroll(-100,0); //地板
        var titleGroup = game.add.group(); //创建存放标题的组
        titleGroup.create(0,0,'title'); //标题
        var bird = titleGroup.create(190, 10, 'bird'); //添加bird到组里
        bird.animations.add('fly'); //添加动画
        bird.animations.play('fly',12,true); //播放动画
        titleGroup.x = 35;
        titleGroup.y = 100;
        game.add.tween(titleGroup).to({ y:120 },1000,null,true,0,Number.MAX_VA
LUE,true); //标题的缓动动画
        var                                btn                                =
game.add.button(game.width/2,game.height/2,'btn',function(){//开始按钮
        game.state.start('play');
        });
        btn.anchor.setTo(0.5,0.5);
        }
        }

        game.States.play = function(){
        this.create = function(){
        this.bg = game.add.tileSprite(0,0,game.width,game.height,'background');
//背景图
```

```
        this.pipeGroup = game.add.group();
        this.pipeGroup.enableBody = true;
        this.ground              =              game.add.tileSprite(0,game.height-
112,game.width,112,'ground'); //地板
        this.bird = game.add.sprite(50,150,'bird'); //鸟
        this.bird.animations.add('fly');
        this.bird.animations.play('fly',12,true);
        this.bird.anchor.setTo(0.5, 0.5);
        game.physics.enable(this.bird,Phaser.Physics.ARCADE); //开启鸟的物理系统
        this.bird.body.gravity.y = 0; //鸟的重力,未开始游戏，先先让他不动
        game.physics.enable(this.ground,Phaser.Physics.ARCADE);//地面
        this.ground.body.immovable = true; //固定不动

        this.soundFly = game.add.sound('fly_sound');
        this.soundScore = game.add.sound('score_sound');
        this.soundHitPipe = game.add.sound('hit_pipe_sound');
        this.soundHitGround = game.add.sound('hit_ground_sound');
        this.scoreText    =    game.add.bitmapText(game.world.centerX-20,    30,
'flAPPy_font', '0', 36);

        this.readyText = game.add.image(game.width/2, 40, 'ready_text'); //get
ready 文字
        this.playTip = game.add.image(game.width/2,300,'play_tip'); //提示点击
        this.readyText.anchor.setTo(0.5, 0);
        this.playTip.anchor.setTo(0.5, 0);

        this.hasStarted = false; //游戏是否已开始
        game.time.events.loop(900, this.generatePipes, this);
        game.time.events.stop(false);
        game.input.onDown.addOnce(this.statrGame, this);
        };
        this.update = function(){
        if(!this.hasStarted) return; //游戏未开始
        game.physics.arcade.collide(this.bird,this.ground,      this.hitGround,
null, this); //与地面碰撞
        game.physics.arcade.overlap(this.bird,  this.pipeGroup,  this.hitPipe,
null, this); //与管道碰撞
        if(this.bird.angle < 90) this.bird.angle += 2.5; //下降时头朝下
        this.pipeGroup.forEachExists(this.checkScore,this); //分数检测和更新
        }

        this.statrGame = function(){
        this.gameSpeed = 200; //游戏速度
        this.gameIsOver = false;
        this.hasHitGround = false;
        this.hasStarted = true;
```

```
        this.score = 0;
        this.bg.autoScroll(-(this.gameSpeed/10),0);
        this.ground.autoScroll(-this.gameSpeed,0);
        this.bird.body.gravity.y = 1150; //鸟的重力
        this.readyText.destroy();
        this.playTip.destroy();
        game.input.onDown.add(this.fly, this);
        game.time.events.start();
        }

        this.stopGame = function(){
        this.bg.stopScroll();
        this.ground.stopScroll();
        this.pipeGroup.forEachExists(function(pipe){
        pipe.body.velocity.x = 0;
        }, this);
        this.bird.animations.stop('fly', 0);
        game.input.onDown.remove(this.fly,this);
        game.time.events.stop(true);
        }

        this.fly = function(){
        this.bird.body.velocity.y = -350;
        game.add.tween(this.bird).to({angle:-30},  100,  null,  true,  0,  0,
false); //上升时头朝上
        this.soundFly.play();
        }

        this.hitPipe = function(){
        if(this.gameIsOver) return;
        this.soundHitPipe.play();
        this.gameOver();
        }
        this.hitGround = function(){
        if(this.hasHitGround) return; //已经撞击过地面
        this.hasHitGround = true;
        this.soundHitGround.play();
        this.gameOver(true);
        }
        this.gameOver = function(show_text){
        this.gameIsOver = true;
        this.stopGame();
        if(show_text) this.showGameOverText();
        };

        this.showGameOverText = function(){
```

```
        this.scoreText.destroy();
        game.bestScore = game.bestScore || 0;
        if(this.score > game.bestScore) game.bestScore = this.score; //最好分数
        this.gameOverGroup = game.add.group(); //添加一个组
        var                          gameOverText                          =
this.gameOverGroup.create(game.width/2,0,'game_over'); //game over 文字图片
        var                           scoreboard                           =
this.gameOverGroup.create(game.width/2,70,'score_board'); //分数板
        var  currentScoreText  =  game.add.bitmapText(game.width/2  +  60,  105,
'flAPPy_font', this.score+'', 20, this.gameOverGroup); //当前分数
        var  bestScoreText  =  game.add.bitmapText(game.width/2  +  60,  153,
'flAPPy_font', game.bestScore+'', 20, this.gameOverGroup); //最好分数
        var   replayBtn   =   game.add.button(game.width/2,   210,   'btn',
function(){//重玩按钮
        game.state.start('play');
        }, this, null, null, null, null, this.gameOverGroup);
        gameOverText.anchor.setTo(0.5, 0);
        scoreboard.anchor.setTo(0.5, 0);
        replayBtn.anchor.setTo(0.5, 0);
        this.gameOverGroup.y = 30;
        }

        this.generatePipes = function(gap){ //制造管道
        gap = gap || 100; //上下管道之间的间隙宽度
        var position = (505 - 320 - gap) + Math.floor((505 - 112 - 30 - gap -
505 + 320 + gap) * Math.random());
        var topPipeY = position-360;
        var bottomPipeY = position+gap;

        if(this.resetPipe(topPipeY,bottomPipeY)) return;

        var  topPipe  =  game.add.sprite(game.width,  topPipeY,  'pipe',  0,
this.pipeGroup);
        var bottomPipe = game.add.sprite(game.width, bottomPipeY, 'pipe', 1,
this.pipeGroup);
        this.pipeGroup.setAll('checkWorldBounds',true);
        this.pipeGroup.setAll('outOfBoundsKill',true);
        this.pipeGroup.setAll('body.velocity.x', -this.gameSpeed);
        }

        this.resetPipe = function(topPipeY,bottomPipeY){//重置出了边界的管道，做到
回收利用
        var i = 0;
        this.pipeGroup.forEachDead(function(pipe){
        if(pipe.y<=0){ //topPipe
        pipe.reset(game.width, topPipeY);
```

```
pipe.hasScored = false; //重置为未得分
}else{
pipe.reset(game.width, bottomPipeY);
}
pipe.body.velocity.x = -this.gameSpeed;
i++;
}, this);
return i == 2; //如果 i==2 代表有一组管道已经出了边界，可以回收这组管道了
}

this.checkScore = function(pipe){//负责分数的检测和更新
if(!pipe.hasScored && pipe.y<=0 && pipe.x<=this.bird.x-17-54){
pipe.hasScored = true;
this.scoreText.text = ++this.score;
this.soundScore.play();
return true;
}
return false;
}
}

//添加 state 到游戏
game.state.add('boot',game.States.boot);
game.state.add('preload',game.States.preload);
game.state.add('menu',game.States.menu);
game.state.add('play',game.States.play);
game.state.start('boot'); //启动游戏
Phaser.min.js:
```

下载地址：http://www.phaser.com/。

附录

附录 A：编辑工具简介

“工欲善其事，必先利其器”，所以一个优秀的编辑工具对于开发工程师是至关重要的。编辑工具没有最好的，只有最合适的，对不同的开发场景选择合适的编辑工具，另外还应照顾到个人的使用习惯。本书中我们分别使用到了 Sublime Text、WebStorm，这两款编辑工具功能强大、技术先进、各有特点，并且提供了非常清爽的用户界面。接下来我们对这两款编辑器进行简要的介绍。

A.1 Sublime Text

A.1.1 Sublime Text 简介

Sublime Text 编辑器是一款应用最广泛的文本编辑器，可以称得上是首屈一指。Sublime Text 的最大优点就是跨平台，Mac、Windows 和 Linux 均可完美支持，其次是强大的插件，几乎无所不能。Sublime Text 支持很多种编程语言的语法高亮、拥有完善的代码自动补全功能，还拥有代码片段的功能，可以将常用的代码片段保存起来，以供随时调用。它还支持 Vim 模式，可以在 Vim 模式下利用命令进行快速的编辑。它还支持宏，就是可以自己编写命令，利用自定义命令进行操作。

A.1.2 Sublime Text 快捷键

Sublime Text 提供了完善的快捷键，这些快捷键能够让用户的开发效率倍增，同时也能够更加享受写代码的乐趣。接下来分享 Sublime Text 中一些常用的快捷方式，如表 A-1，如有错误之处请批评指正。

表 A-1

快 捷 键	功 能
选 择 类	
Alt+F3	选中文本按下快捷键，即可一次性选择全部的相同文本进行同时编辑
Ctrl+D	选中光标所占的文本，继续操作则会选中下一个相同的文本
Ctrl+L	选中整行，继续操作则继续选择下一行，效果和〈Shift+↓〉效果一样
Ctrl+M	光标移动至括号内结束或开始的位置
Ctrl+Enter	在下一行插入新行
Ctrl+Shift+Enter	在上一行插入新行
Ctrl+Shift+[	选中代码，按下快捷键，折叠代码
Ctrl+Shift+]	选中代码，按下快捷键，展开代码
Ctrl+K+0	展开所有折叠代码
Ctrl+←	向左单位性地移动光标，快速移动光标
Ctrl+→	向右单位性地移动光标，快速移动光标
Shift+↑	向上选中多行
Shift+↓	向下选中多行
Shift+←	向左选中文本

（续）

快 捷 键	功 能
Shift+→	向右选中文本
Ctrl+Shift+←	向左单位性地选中文本
Ctrl+Shift+→	向右单位性地选中文本
编辑类	
Ctrl+J	合并选中的多行代码为一行
Ctrl+Shift+D	复制光标所在整行，插入到下一行
Ctrl+K+K	从光标处开始删除代码至行尾
Ctrl+Shift+K	删除整行
Ctrl+/	注释单行
Ctrl+Shift+/	注释多行
Ctrl+K+U	转换大写
Ctrl+Z	撤销
Tab	向右缩进
Shift+Tab	向左缩进
搜索类	
Ctrl+F	打开底部搜索框，查找关键字
Ctrl+P	打开搜索框。①输入当前项目中的文件名，快速搜索文件；②输入“@”和关键字，查找文件中函数名；③输入“：”和数字，跳转到文件中该行代码；④输入“#”和关键字，查找变量名
Ctrl+G	打开搜索框，输入数字跳转到该行代码
Ctrl+R	打开搜索框，输入关键字，查找文件中的函数名
Esc	退出光标多行选择，退出搜索框，命令框
显示类	
Ctrl+Tab	按文件浏览过的顺序，切换当前窗口的标签页
Ctrl+PageDown	向左切换当前窗口的标签页
Ctrl+PageUp	向右切换当前窗口的标签页
Alt+Shift+1\2\3	左右分屏-2\3 列，默认 1 列
F11	全屏模式

A.1.3 Sublime Text 插件安装

Sublime Text 提供了完善强大的插件，用户可根据自己的需要选择安装不同的插件，这使得 Sublime Text 功能强大又不失轻巧。

插件安装方式一：直接安装

安装 Sublime text 3 插件很方便，可以直接下载安装包解压缩到 Packages 目录（菜单→preferences→packages）。

插件安装方式二：使用 Package Control 组件安装

按下〈Ctrl+Shift+P〉调出命令面板输入 install 调出 Install Package 选项并按回车键，然后在列表中选中要安装的插件。

A.2 WebStorm

A.2.1 WebStorm 简介

WebStorm（网络风暴）是一款深受广大开发者喜爱的前端编辑工具，有“最强大的前端开发工具”之称。WebStorm 支持不同浏览器的提示，并且提供自动补全功能。标签重构、文件重命名、CSS 重构以及 JS 重构，使用文件重命名，它会自动帮用户更新所有的引用。如果你想把内联样式引入到 CSS 文件中，也可以通过重构功能实现。WebStorm 实现了对最新技术的支持，内置了对 SASS、nodeJS、angularJS 等技术的支持。连 Emmet 都进行了内置，因此 Sublime Text 中的快捷键也同样支持。

A.2.2 WebStorm 快捷键

表 A-2

快 捷 键	功 能
代码编辑	
Ctrl+Shift+A	选中文本按下快捷键，即可一次性选择全部的相同文本进行同时编辑
Alt+[0-9]	快速拆合功能界面模块
Ctrl+Shift+F12	最大区域显示代码（会隐藏其他的功能界面模块）
Ctrl+Tab	切换代码选项卡
Alt+<-或->	切换代码选项卡
Ctrl+D	复制当前行
Ctrl+W	选中单词
Ctrl+<-或->	以单词作为边界跳光标位置
Alt+Insert	新建一个文件或其他
Ctrl+Alt+L	格式化代码
Shift+Tab/Tab	减少/扩大缩进（可以在代码中减少行缩进）
Ctrl+Y	删除一行
Shift+Enter	重新开始一行（无论光标在哪个位置）
导 航	
Esc	进入代码编辑区域
Alt+F1	查找代码在其他界面模块的位置
Alt+up/down	上一个/下一个方法
Ctrl+G	光标到代码块的前面或后面
Ctrl+]/[	〈ctrl+]/[〉

A.2.3 WebStorm 插件安装

① 在主界面用快捷键〈Ctrl+Alt+s〉打开 settings 界面，左侧导航栏里选中 plugin 项。

② 选中 plugins 后，会在右侧列出所有已安装的插件，我们要安装一个新的插件，因此要点击 Browse repositories。弹出的新窗口默认会列出所有的插件，我们在右上角的搜索框输入要安装的插件进行筛选。

③ 下载进度会显示在 WebStorm 主窗口底部的状态栏，下载完毕后，需要重启 WebStorm 才能生效。

附录 B：HTML5 相关 API

B.1 表单 API

HTML5 新增了更多丰富的表单控件，例如：搜索框、电话号码编辑控件、URL 编辑控件、邮件地址编辑控件。HTML5 还为客户端表单验证提供了 API。

约束验证的 HTML 语法如表 B-1 所示。

表 B-1

属性/方法	描 述
required	指定该元素必填
pattern	限定元素值必须匹配一个特定的正则表达式
min/max	定了能够输入元素的最大与最小值
step	限定了输入值的间隔
maxlength	限制了用户能够输入的最大字符数
type	限制输入值是否为有效

约束验证的 HTML 语法

HTMLFormElement 对象上的 checkValidity() 方法，当表单的相关元素都通过了它们的约束验证时返回 true，否则返回 false。

表单相关元素如表 B-2 所示。

表 B-2

属性/方法	描 述
willValidate	如果元素的约束没有被符合则值为 false
validity	是一个 ValidityState 对象，表示元素当前所处的验证状态
validationMessage	描述与元素相关约束的失败信息
checkValidity()	元素没有满足它的任意约束，返回 false，其他情况返回 true
setCustomValidity()	置自定义验证信息，用于即将实施与验证的约束来覆盖预定义的信息

目前任何表单元素都有 8 种可能的验证约束条件：

（1）valueMissing:确保控件中的值已填写。

用法：将 required 属性设为 true，

<input type="text"required="required"/>

（2）typeMismatch:确保控件值与预期类型相匹配。

用法：<input type="email"/>

（3）patternMismatch:根据 pattern 的正则表达式判断输入是否为合法格式。

用法：<input type="text" pattern="[0-8]{10}"/>

（4）toolong:避免输入过多字符。

用法：设置 maxLength

<textarea id="notes" name="notes" maxLength="100"></textarea>

（5）rangeUnderflow:限制数值控件的最小值。

用法：设置 min，<input type="number" min="0" value="20"/>

（6）rangeOverflow:限制数值控件的最大值。

用法：设置 max，<input type="number" max="100" value="20"/>

（7）stepMismatch:确保输入值符合 min、max、step 的设置。

用法：设置 max min step，<input type="number" min="0" max="100" step="10" value="20"/>

（8）customError:处理应用代码明确设置能计算产生错误。

用法：例如验证两次输入的密码是否一致。

B.2 File API

File API 是 Mozilla 向 W3C 提出的一个草案，旨在用标准 JavaScript API 实现本地文件的读取。File API 将极大地方便 Web 端的文件上传等操作。

文件读取函数如表 B-3 所示。

表 B-3

属性/方法	描　述
readAsBinaryString	读取文件内容，读取结果为一个 binary string。文件每一个 byte 会被表示为一个 [0，255] 区间内的整数。函数接受一个 File 对象作为参数
readAsText	读取文件内容，读取结果为一串代表文件内容的文本。函数接受一个 File 对象以及文本编码名称作为参数
readAsDataURL	读取文件内容，读取结果为一个 data: 的 URL

文件读取事件如表 B-4 所示。

表 B-4

事件	描　述
loadstart	文件读取开始时触发
loadend	检测读取成功与否
progress	当读取进行中时定时触发。事件参数中会含有已读取总数据量
abort	当读取被中止时触发
error	当读取出错时触发
load	当读取成功完成时触发
loadend	当读取完成时，无论成功或者失败都会触发

B.3 拖拽 API

拖放允许用户在一个元素上点击并按住鼠标按钮，拖动它到别的位置，然后松开鼠标按钮将元素放到指定的元素。在拖动操作过程中，被拖动元素会以半透明形式展现，并跟随鼠标指针移动。放置元素的位置可能会在不同的元素内。在进行拖放操作的不同阶段会触发数种事件。注意，在拖拽的时候只会触发拖拽的相关事件，鼠标事件，例如 mousemove，是不会触发的。也要注意，当从操作系统拖拽文件到浏览器的时候，dragstart 和 dragend 事件不会触发。

draggable 属性

想要在某个元素上使用拖拽，这个元素必须具备 dragable 属性，这个属性有三个值 true、false 或者 auto。true 表示可以拖动，false 表示不能拖动，auto 表示根据浏览器的情况自行判断.我们给一个 div 添加上 draggable 为 true,这个 div 就可以被拖动了。

dataTransfer 对象

dataTransfer.setData(format,data)：用于将指定格式的数据赋值给 dataTransfer 对象,format 代表数据的类型，比如，text、url 等，data 表示要设置的数据。

dataTransfer.getData(format)：setData 对应，getData 用于获取数据。

拖放相关事件如表 B-5 所示。

表 B-5

事　件	描　述
dragstart	当一个元素开始被拖拽的时候触发。用户拖拽元素需要附加 dragstart 事件。在这个事件中，监听器将设置与这次拖拽相关的信息
dragenter	当拖拽中的鼠标第一次进入一个元素的时候触发。这个事件的监听器需要指明是否允许在这个区域释放鼠标
dragover	当拖拽中的鼠标移动经过一个元素的时候触发
dragleave	当拖拽中的鼠标离开元素时触发。监听器需要将作为可释放反馈的高亮或插入标记去除
drag	这个事件在拖拽源触发
drop	这个事件在拖拽操作结束释放时于释放元素上触发。一个监听器用来响应接收被拖拽的数据并插入到释放之地。这个事件只有在需要时才触发
dragend	拖拽源在拖拽操作结束将得到 dragend 事件对象，不管操作成功与否

B.4 客户端存储 API

客户端存储存储被设计为用来提供一个更大存储量，更安全，更便捷的存储方法,从而可以替代掉将一些不需要让服务器知道的信息存储到 Cookies 里的传统方法。客户端存储的机制是通过存储字符串类型的键/值对,来提供一种安全的存取方式。这个附加功能的目标是提供一个全面的,可以用来创建交互式应用程序的方法。

localStorage 如表 B-6 所示。

表 B-6

属性/方法	描　述
window.localStorage	检测浏览器是否支持
localStorage.setItem	添加数据
localStorage.getItem	获取数据
localStorage.removeItem	删除数据
localStorage.clear	清除掉所有的数据

sessionStorage 如表 B-7 所示。

表 B-7

属性/方法	描　述
window.sessionStorage	检测浏览器是否支持
sessionStorage.setItem	添加数据
sessionStorage.getItem	获取数据
sessionStorage.removeItem	删除数据
sessionStorage.clear	清除掉所有的数据

B.5 WebSocket API

WebSocket 是一种先进的技术，这使得在用户的浏览器和一个服务器之间打开一个的交互式通信会话成为可能，有了这个 API，你可以向服务器发送消息,并接收事件驱动的响应,无需轮询服务器的响应。

WebSocket API 如表 B-8 所示。

表 B-8

事　件	描　述
message	接收时间句柄发来的数据
open	一个用于连接打开事件的事件监听器
close	关闭 WebSocket 连接或停止正在进行的连接请求
send	通过 WebSocket 连接向服务器发送数据

B.6 Canvas API

Canvas 是 HTML5 中的新元素，你可以使用 JavaScript 用它来绘制图形、图标以及其他任何视觉性图像。它也可用于创建图片特效和动画。如果你熟悉的掌握这部分 API，你可以用 Canvas 创建丰富的 Web 应用程序。

画图环境：canvas.getContext("2d")

颜色、样式和阴影如表 B-9 所示。

表 B-9

属　性	描　述
fillStyle	设置或返回用于填充绘画的颜色、渐变或模式
strokeStyle	设置或返回用于笔触的颜色、渐变或模式
shadowColor	设置或返回用于阴影的颜色
shadowBlur	设置或返回用于阴影的模糊级别
shadowOffsetX	设置或返回阴影距形状的水平距离
shadowOffsetY	设置或返回阴影距形状的垂直距离

渐变如表 B-10 所示。

表 B-10

方　法	描　述
createLinearGradient()	创建线性渐变（用在画布内容上）
createPattern()	在指定的方向上重复指定的元素
createRadialGradient()	创建放射状/环形的渐变（用在画布内容上）
addColorStop()	规定渐变对象中的颜色和停止位置

线条样式如表 B-11 所示。

表 B-11

属　性	描　述
lineCap	设置或返回线条的结束端点样式
lineJoin	设置或返回两条线相交时，所创建的拐角类型
lineWidth	设置或返回当前的线条宽度
miterLimit	设置或返回最大斜接长度

矩形如表 B-12 所示。

表 B-12

方　法	描　述
rect()	创建矩形
fillRect()	绘制"被填充"的矩形
strokeRect()	绘制矩形（无填充）
clearRect()	在给定的矩形内清除指定的像素

路径如表 B-13 所示。

表 B-13

方　法	描　述
fill()	填充当前绘图（路径）
stroke()	绘制已定义的路径
beginPath()	起始一条路径，或重置当前路径
moveTo()	把路径移动到画布中的指定点，不创建线条
closePath()	创建从当前点回到起始点的路径

（续）

方　法	描　述
lineTo()	添加一个新点，然后在画布中创建从该点到最后指定点的线条
clip()	从原始画布剪切任意形状和尺寸的区域
quadraticCurveTo()	创建二次贝塞尔曲线
bezierCurveTo()	创建三次方贝塞尔曲线
arc()	创建弧/曲线（用于创建圆形或部分圆）
arcTo()	创建两切线之间的弧/曲线
isPointInPath()	如果指定的点位于当前路径中，则返回 true，否则返回 false

转换如表 B-14 所示。

表 B-14

方　法	描　述
scale()	缩放当前绘图至更大或更小
rotate()	旋转当前绘图
translate()	重新映射画布上的 (0,0) 位置
transform()	替换绘图的当前转换矩阵
setTransform()	将当前转换重置为单位矩阵。然后运行 transform()

文本如表 B-15 所示。

表 B-15

属　性	描　述
font	设置或返回文本内容的当前字体属性
textAlign	设置或返回文本内容的当前对齐方式
textBaseline	设置或返回在绘制文本时使用的当前文本基线

填充如表 B-16 所示。

表 B-16

方　法	描　述
fillText()	在画布上绘制“被填充的”文本
strokeText()	在画布上绘制文本（无填充）
measureText()	返回包含指定文本宽度的对象

图像绘制如表 B-17 所示。

表 B-17

方　法	描　述
drawImage()	向画布上绘制图像、画布或视频

像素操作如表 B-18 所示。

表 B-18

属　性	描　述
width	返回 ImageData 对象的宽度
height	返回 ImageData 对象的高度
data	返回一个对象，其包含指定的 ImageData 对象的图像数据
createImageData()	创建新的、空白的 ImageData 对象
getImageData()	返回 ImageData 对象，该对象为画布上指定的矩形复制像素数据
putImageData()	把图像数据（从指定的 ImageData 对象）放回画布上

合成如表 B-19 所示。

表 B-19

属　性	描　述
globalAlpha	设置或返回绘图的当前 Alpha 或透明值
globalCompositeOperation	设置或返回新图像如何绘制到已有的图像上
save()	保存当前环境的状态
restore()	返回之前保存过的路径状态和属性

B.7　Audio/Video API

HTML5 多媒体组件指的是 Video（视频）组件和 Audio（音频）组件。

Audio/Video 相关属性如表 B-20 所示。

表 B-20

属　性	描　述
audioTracks	返回表示可用音轨的 AudioTrackList 对象
autoplay	设置或返回是否在加载完成后随即播放音频/视频
buffered	返回表示音频/视频已缓冲部分的 TimeRanges 对象

（续）

属　性	描　述
controller	返回表示音频/视频当前媒体控制器的 MediaController 对象
controls	设置或返回音频/视频是否显示控件（比如播放/暂停等）
crossOrigin	设置或返回音频/视频的 CORS 设置
currentSrc	返回当前音频/视频的 URL
currentTime	设置或返回音频/视频中的当前播放位置（以秒计）不加单位
defaultMuted	设置或返回音频/视频默认是否静音
defaultPlaybackRate	设置或返回音频/视频的默认播放速度
duration	返回当前音频/视频的长度（以秒计）
ended	返回音频/视频的播放是否已结束
error	返回表示音频/视频错误状态的 MediaError 对象
loop	设置或返回音频/视频是否应在结束时重新播放
mediaGroup	设置或返回音频/视频所属的组合（用于连接多个音频/视频元素）
muted	设置或返回音频/视频是否静音
networkState	返回音频/视频的当前网络状态
paused	设置或返回音频/视频是否暂停
playbackRate	设置或返回音频/视频播放的速度
played	返回表示音频/视频已播放部分的 TimeRanges 对象
preload	设置或返回音频/视频是否应该在页面加载后进行加载
readyState	返回音频/视频当前的就绪状态
seekable	返回表示音频/视频可寻址部分的 TimeRanges 对象

Audio/Video 相关事件如表 B-21 所示。

表 B-21

事　件	描　述
abort	当音频/视频的加载已放弃时
canplay	当浏览器可以播放音频/视频时
canplaythrough	当浏览器可在不因缓冲而停顿的情况下进行播放时
durationchange	当音频/视频的时长已更改时
emptied	当目前的播放列表为空时
ended	当目前的播放列表已结束时
error	当在音频/视频加载期间发生错误时
loadeddata	当浏览器已加载音频/视频的当前帧时

（续）

事 件	描 述
loadedmetadata	当浏览器已加载音频/视频的元数据时
loadstart	当浏览器开始查找音频/视频时
pause	当音频/视频已暂停时
play	当音频/视频已开始或不再暂停时
playing	当音频/视频在已因缓冲而暂停或停止后已就绪时
progress	当浏览器正在下载音频/视频时
ratechange	当音频/视频的播放速度已更改时
seeked	当用户已移动/跳跃到音频/视频中的新位置时
seeking	当用户开始移动/跳跃到音频/视频中的新位置时
stalled	当浏览器尝试获取媒体数据，但数据不可用时
suspend	当浏览器刻意不获取媒体数据时
timeupdate	当目前的播放位置已更改时
volumechange	当音量已更改时
waiting	当视频由于需要缓冲下一帧而停止

B.8 History API

如表 B-22 所示。

表 B-22

方 法	描 述
history.pushState()	逐条地添加历史记录条目
history.replaceState()	逐条地修改历史记录条目
pushState()	在当前文档内创建和激活新的历史记录条目
replaceState()	类似于 history.pushState()，不同之处在于 replaceState()方法会修改当前历史记录条目而并非创建新的条目

B.9 地理位置 API

Geolocation API 存在于 navigator 对象中，只包含 3 个方法，如表 B-23 所示：

表 B-23

方 法	描 述
getCurrentPosition	该方法有三个参数，第一个参数是成功获取位置信息的回调函数，它是方法唯一必需的参数；第二个参数用于捕获获取位置信息出错的情况；第三个参数是配置项
watchPosition	表示重复获取地理位置，相当于将 getCurrentPosition 这个方法利用 setinterval 不断执行，其他用法和参数使用一样
clearWatch	用来清除前一次获取的位置信息

获取信息成功之后，自动生成一个包含返回地理信息的 position 对象如表 B-24 所示。

表 B-24

属　性	描　述
coords.latitude	纬度
coords.longitude	经度
coords.altitude	海拔
coords.accuracy	位置精确度
coords.altitudeAccuracy	海拔精确度
coords.heading	朝向
coords.speed	速度
timestamp	响应的日期/时间

附录 C：相关开发环境的安装

C.1　Wamp 安装

WampServer 是一款在 Window 环境下集 Apache Web 服务器、PHP解释器以及 MySQL 数据库的整合软件包。使用 Wamp，不需要开发人员耗费太多的时间去配置环境，可以更加专注开发。

（1）首先上 Wamp 官网下载 Wamp 集成安装包。

（2）解压 Wamp 包，解压后会出现一个.exe 的安装文件，然后双击.exe 文件进行安装，出现的第一个界面主要是一些欢迎信息。

（3）第二个界面是 Wamp 的用户协议信息，主要是 Wamp 的一些使用作者和使用声明信息，选中“I accept the agreement”，点击 Next，如图 C-1 所示。

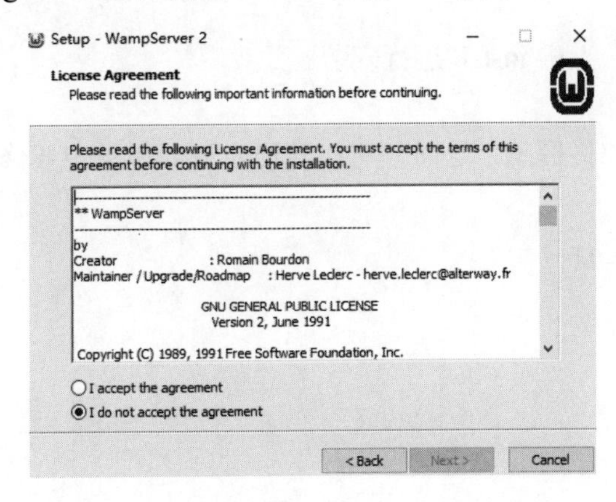

图 C-1

（4）选择你的安装路径，如图 C-2 所示。

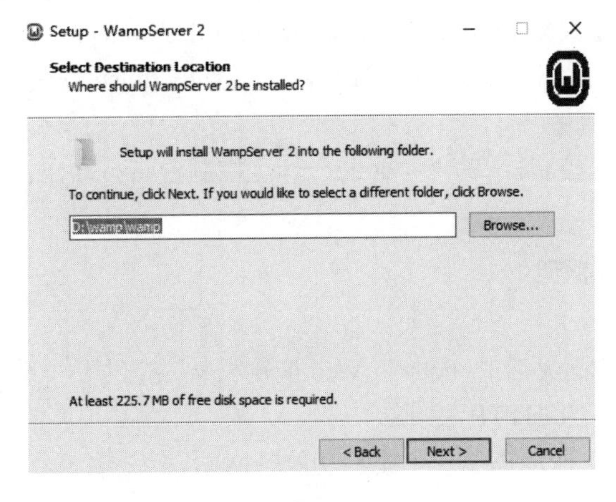

图 C-2

（5）选择是否创建创面快捷方式和启动栏快捷方式，根据需求进行勾选，如图 C-3所示。

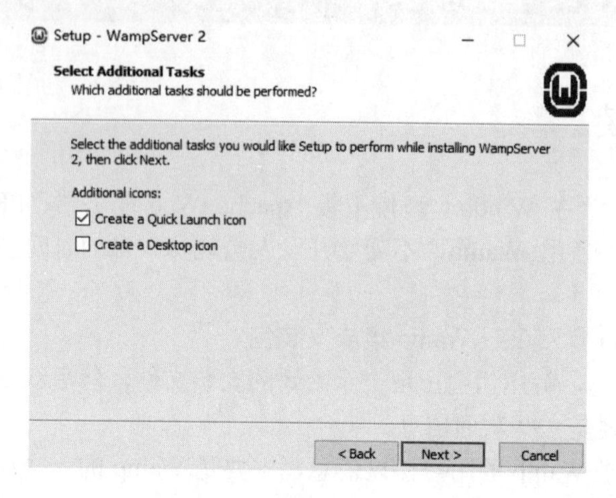

图 C-3

（6）确定安装信息，点击 install 进行安装。

（7）等待安装。

（8）设置 stmp 和邮件信息，这时候可以随便设置，如果想要修改的话，可以在安装完成后另行修改。

（9）安装完毕点击运行。

C.2 Node 安装

1. 安装步骤

（1）首先官网（http://nodejs.cn/download/）下载 Node.js 环境安装包，根据你的电脑配置下载相应的安装包。

（2）安装 Node.js，点击下载后的文件安装，然后点 next，然后选中同意安装协议，然后点 next，然后可以自定义安装目录默认 C:\Program Files\nodejs\，然后点 next，默认安装全部组件然后点 next，然后点击 install 安装等待，然后点击 finish 安装完成。注意：将 node 安装目录添加进 path 环境变量。

（3）在命令行 cmd 控制行 输入：node －v，控制台将打印出：相应版本号 提示安装成功

2. Node.js Express 框架

（1）Express 简介：

Express 是一个简洁而灵活的 node.js Web 应用框架，提供了一系列强大特性帮助你创建各种 Web 应用，和丰富的 HTTP 工具。

使用 Express 可以快速地搭建一个完整功能的网站。

Express 框架核心特性：

可以设置中间件来响应 HTTP 请求。定义了路由表用于执行不同的 HTTP 请求动作。可以通过向模板传递参数来动态渲染 HTML 页面。

（2）安装 Express：

```
$ npm install express -save
```

以上命令会将 Express 框架安装在当期目录的 node_modules 目录中， node_modules 目录下会自动创建 express 目录。下面几个重要的模块是需要与 express 框架一起安装的：

body-parser – node.js 中间件，用于处理 JSON, Raw, Text 和 URL 编码的数据。cookie-parser – 这就是一个解析 Cookie 的工具。通过 req.cookies 可以取到传过来的 Cookie，并把它们转成对象。

multer-node.js 中间件，用于处理 enctype="multipart/form-data"（设置表单的 MIME 编码）的表单数据。

```
$ npm install body-parser --save
$ npm install cookie-parser --save
$ npm install multer --save
```